Johanna Paungger
Thomas Poppe

HEIMWERKEN, HAUSBAU *und* HOLZGEWINNUNG *mit dem* MOND

Servus

EINE EINLADUNG

In Jahresringen eines Baumes liest man die Geschichte der Zeit,
in seinem Duft die Seele des Waldes.
Holz trägt die Wärme der Sonne,
das Rauschen des Windes und die Geduld der Erde in sich.
Es ist nicht nur ein Material –
es ist ein lebendiges Vermächtnis.

Zu den wertvollsten Schätzen, die uns unsere Vorfahren hinterlassen haben, zählte zu allen Zeiten das Wissen um den richtigen Zeitpunkt einer Vielzahl von Tätigkeiten – in Harmonie mit Mondphase und Mondstand im Tierkreis. Der explosive technische Fortschritt der letzten 150 Jahre hat uns die Überzeugung gewinnen lassen, dass wir heute auf dieses Wissen verzichten können. Wer mit offenen Augen und offenem Herzen durchs Leben geht, weiß jedoch: Wir können es nicht. Es wird in Zukunft wichtiger denn je werden. Mit dieser Buchreihe erfüllen wir weiterhin unsere Aufgabe, das Mondwissen neu zu beleben und damit Ihr Leben zu erleichtern – auf allen Gebieten, die Ihnen am Herzen liegen. Am besten blättern Sie durch die Inhaltsverzeichnisse und picken sich heraus, was Sie gerade besonders anspricht. Dann schauen Sie doch bei den jeweiligen Kapiteln nach, setzen die einfachen Tipps und Regeln um, die Sie dort finden, und sammeln allmählich Erfahrungen mit dem unausweichlichen Erfolg. Das wird Sie bestimmt so sehr beflügeln, dass Sie sich nach und nach auch den übrigen Bestandteilen des Wissens und seinen vielen Hilfestellungen zuwenden werden.

Ein Wort noch zum Umgang mit dem Mondwissen, was Ihre Umgebung betrifft. Die Begeisterung, die sich nach wenigen Monaten einstellen wird, mag Sie verführen, auch Ihre Umgebung »zwangsbeglücken« zu wollen. Tun Sie es nicht. Ihr eigenes Beispiel und Vorbild in der Anwendung des Wissens sind viel wirksamer als der Versuch, mit Überredungskunst zu arbeiten. Sie werden sehen, welche echte Freude damit verbunden ist, mit ein wenig Geduld und aus eigener Kraft dauerhafte Lösungen für viele große und kleine Probleme des Alltags zu finden. Und nun wünschen wir viel Freude mit einer abenteuerlichen Entdeckungsreise im Reich dieses wertvollen Wissens unserer Vorfahren – heute noch gültig wie eh und je.

Ihre Johanna Paungger-Poppe & Thomas Poppe

INHALT

Eine kurze GEBRAUCHSANWEISUNG *für den* MONDKALENDER

*»Schon Ende Dezember beginnen die Bäume aufzuwachen.
Die Säfte steigen, auch bei klirrender Kälte.
Schon Ende Juni beginnen die Bäume mit dem Rückzug.
Besucht die Schule, die Euch von solchen Dingen erzählt.«*

Ron Fischer

Was geschieht, wenn das Überleben in einer Gemeinschaft von Menschen von der Fähigkeit abhängt, Behausungen zu bauen, die Wind und Wetter standhalten, Feldfrüchte erfolgreich anzubauen oder gute Dinge aus Wildsammlung haltbar zu machen? Liegt es da nicht auf der Hand, dass die Menschen ihre Wahrnehmung und Beobachtungsgabe schärfen, die Rhythmen der Natur kennenlernen und in ihnen wie in einem Buch lesen? Sie erkennen ganz sicher auch, dass der Erfolg beim Hausbau und der Holzverarbeitung, beim Ackerbau und beim Gärtnern von den Mondphasen und dem Mondstand im Tierkreis beeinflusst wird. Denn genau so und nicht anders ist überhaupt der Tierkreis mit seinen zwölf Tierkreiszeichen entstanden.

Wenn ich aus direkter Wahrnehmung erfahre, dass die günstige Zeit für ein bestimmtes Tun – etwa den Aufbau einer Holzhütte – zu bestimmten Mondphasen und zudem genau zwischen zwei Sternen am Himmel auftaucht, dann liegt es nahe, diese Sterne zu einem Bild zusammenzufassen und ihm einen Namen zu geben. Er macht es leicht, die von ihnen – wie von einem Uhrzeiger – angezeigten Einflüsse zu erkennen und vor allem vorauszuberechnen. Hier liegt auch der Grund verborgen, warum Tausende und Abertausende von Gebäuden aus alter Zeit keinem anderen Zweck dienten, als den Lauf des Mondes (und auch der Sonne) in Kalendern festzuhalten. Noch bis vor etwa 120 Jahren wäre ein Kalender, der Mondphase, Mondstand und Tierkreis nicht enthält, undenkbar gewesen. Wir schätzen uns glücklich, daran beteiligt zu sein, das uralte Wissen vom »richtigen Zeitpunkt« wiederzubeleben. Denn die Zukunft wird uns dazu zwingen, warum also nicht die ersten Schritte freiwillig tun?

Sollte dieses Buch Ihre erste Berührung mit einem Mondkalender sein, so möchten wir Ihnen hier eine kurze Gebrauchsanweisung geben (Fortgeschrittene unter Ihnen können auf Seite 20 weiterlesen). Was versteht man darunter, wenn im Buch von den verschiedenen »Zuständen« des Mondes die Rede ist, die auf derart viele Tätigkeiten im Alltag Einfluss nehmen? Was heißt »Vollmond« und »Neumond«, »zunehmender« und »abnehmender Mond«? Was steckt zum Beispiel hinter dem Satz: »Vollmond ist ungünstig für das Tapezieren in einem Neubau«? Oder hinter dem Satz: »Der Mond in Steinbock bei abnehmendem Mond ist ideal fürs Hobeln«?

Der Einfachheit halber hatten sich unsere Vorfahren Formulierungen wie diese angewöhnt: »Der Mond beeinflusst alles Tun in der Werkstatt« oder »Das Tierkreiszeichen Stier begünstigt alle Holzarbeiten«. Dabei war es völlig gleichgültig, ob der Mond tatsächlich diese Wirkung hat oder ob er zeitgleich mit bestimmten Energien und Vorgängen auf der Erde die immer gleichen Positionen einnimmt.
Wir bleiben beim Sprachgebrauch, der seit Alters her im Umlauf ist: Der Mond, seine Phasen und seine Position im Tierkreis »wirken« auf die Erde und auf alles Leben. Zur leichteren Identifizierung im Mondkalender nun zu den fünf wichtigsten Impulsen des Mondes:

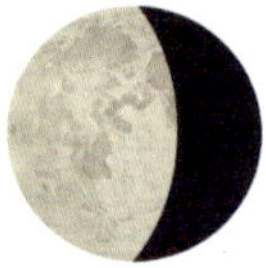

Zunehmender Mond

Wenige Stunden nach Neumond wird der Mond als feine Sichel erkennbar, die sich nach links öffnet. Die Phase zwischen Neu- und Vollmond bezeichnet man als »zunehmenden Mond«, sie dauert etwa 14 Tage. Symbolisch finden Sie den zunehmenden Mond in Kalendern als weiße oder gelbe Sichel. Alle Kräfte, die der zunehmende Mond freisetzt, verstärken sich, je näher der Vollmond rückt. In der Regel machen sie sich drei Tage vor Vollmond am deutlichsten bemerkbar. Diese Kräfte begünstigen zum Beispiel das Bohren eines Hausbrunnens.

Vollmond

Nimmt man den Neumond als Beginn, hat der Mond jetzt die Hälfte seiner Reise um die Erde vollendet, er steht als leuchtender Vollmond am Himmel. Im

Mondkalender ist der Vollmond als weiße oder gelbe Scheibe eingezeichnet. Bei Vollmond gesammelte Heilkräuter wirken besser, es ist jedoch ein ungünstiger Tag, um Materialien aller Art beim Hausbau und Renovieren zusammenzufügen – um nur zwei Beispiele zu nennen.

Abnehmender Mond

Kurz nach Vollmond wandert der Mond langsam weiter, sein Schatten wächst und wird von rechts nach links immer größer. Die etwa 14-tägige Phase des abnehmenden Mondes beginnt, bis wieder Neumond herrscht. Auch die Kräfte des abnehmenden Mondes werden umso stärker, je mehr der Mond abnimmt, und sind kurz vor Neumond am stärksten. Für die meisten Tätigkeiten bei Hausbau, Renovierungen und Holzverarbeitung ist das die beste Zeit.

Neumond

Steht der Mond – von der Erde aus gesehen – genau zwischen Erde und Sonne, liegt seine uns zugewandte Seite völlig im Dunkeln. Für wenige Stunden ist er dann kaum zu erkennen, auf der Erde herrscht »Neumond«. Im Mondkalender wird der Neumond als schwarze, manchmal auch als dunkelblaue Scheibe eingezeichnet. Wer an Neumond Neues beginnt, hat größere Chancen auf Erfolg.

Sie können sich den Mondkalender bis 2029 unter ***www.servus.com/mondkalender-servus-buch*** oder über diesen QR-Code herunterladen:

Der Mondstand im Tierkreis

Im Mondkalender sind im Laufe eines einzigen Monats alle zwölf Tierkreiszeichen angegeben. Wandert die Erde um die Sonne, hält sich die Sonne im Laufe eines Jahres jeweils etwa einen Monat lang in einem Zwölftel des Tierkreises auf – vom Tierkreiszeichen Widder Ende März bis zum Tierkreiszeichen Fische Ende Februar. Dieselben Tierkreiszeichen durchläuft auch der Mond bei seinem etwa 28-tägigen Umlauf um die Erde, wobei er sich in jedem Zeichen nur zwei bis drei Tage lang aufhält. Jedes Tierkreiszeichen übt auf das Pflanzenreich spezielle Kräfte aus, deren Kenntnis sich mit großem Gewinn bei fast allen Tätigkeiten in Garten und Landwirtschaft einsetzen lässt.

TIERKREIS- ZEICHEN	REGIERTE KÖRPERZONE
WIDDER	KOPF, GEHIRN, AUGEN, NASE, OBERKIEFER
STIER	KEHLKOPF, SCHILDDRÜSE, UNTERKIEFER, HALS, MANDELN, OHREN
ZWILLINGE	SCHULTER, ARME, HÄNDE, LUNGE
KREBS	BRUST, LUNGE, MAGEN, LEBER, GALLE
LÖWE	HERZ, RÜCKEN, ZWERCHFELL, BLUTKREISLAUF, SCHLAGADER
JUNGFRAU	VERDAUUNGSORGANE, NERVEN, MILZ, BAUCHSPEICHELDRÜSE
WAAGE	HÜFTE, LEISTE, NIEREN, BLASE
SKORPION	GESCHLECHTSORGANE, NIEREN, BLASE, HARNLEITER, LEISTE
SCHÜTZE	OBERSCHENKEL, VENEN
STEINBOCK	KNIE, KNOCHEN, GELENKE, HAUT, WIRBELSÄULE
WASSERMANN	UNTERSCHENKEL, VENEN
FISCHE	FÜSSE, ZEHEN

PFLANZENTEIL	**ELEMENT**
FRUCHT	WÄRME
WURZEL	KÄLTE
BLÜTE	LICHT, LUFT
BLATT	WASSER
FRUCHT	WÄRME
WURZEL	KÄLTE
BLÜTE	LICHT, LUFT
BLATT	WASSER
FRUCHT	WÄRME
WURZEL	KÄLTE
BLÜTE	LICHT, LUFT
BLATT	WASSER

Die Tabelle auf den vorherigen Seiten ist neben dem Mondkalender Ihr grundlegendes Handwerkszeug sowie als Gedächtnisstütze und Inspiration gedacht. Sie gibt einen Überblick über die unterschiedlichen Wirkungsimpulse der einzelnen Mondstände im Tierkreis – auf Pflanzenteile, Körperzonen, Nahrungsqualität und so weiter – und zeigt Ihnen die gebräuchlichen Symbole für die Tierkreiszeichen, um ihr Auffinden und Identifizieren in den Mondkalendern zu erleichtern. Nebenbei bemerkt: Funktionierende Mondkalender geben immer den Mondstand im Tierkreis an, nicht den astronomischen Mondstand im Sternzeichen am Himmel.

Die Tabelle zeigt also auf einen Blick, dass mit dem Mondstand im Tierkreis zwölf unterschiedliche Kraftwirkungen verbunden sind, die auf der Erde deutliche »Spuren« hinterlassen. Sie können zwar selten so unmittelbar erfühlt werden wie etwa der Vollmond, aber der Einfluss auf Pflanzen, Tiere und Menschen ist deutlich erkennbar.

In den folgenden Kapiteln werden wir Mondphasen und Mondstand im Tierkreis zu den mannigfaltigen Tätigkeiten in den Bereichen Hausbau, Renovierung und Holzverarbeitung in Beziehung setzen und Sie mit den Grundregeln vertraut machen. Dieses Buch ist dabei in erster Linie als Anregung für Sie gedacht, nicht als starres »Gesetzeswerk«, das Gehorsam verlangt. Wir müssen einfach lernen, uns Zeit zum Nachfühlen zu nehmen, und wieder mehr Geschmack am Echten und an der Wirklichkeit entwickeln statt an den Ersatz- und Suchtstoffen aus der »Glotze«. Wir haben die Freiheit, uns korrekt zu informieren, der eigenen Erfahrung zu vertrauen und ihr zu folgen. Dann hat der allseitige Versuch, die Dinge immer komplizierter zu machen, keine Chance. Nutzen wir diese Freiheit!

Falls Sie unsere Arbeit bisher noch nicht kennen und dieses Buch Ihre erste Begegnung damit ist, wünschen wir uns, dass es Sie inspiriert und ein hilfreicher Begleiter auf Ihrem Weg wird. Vielleicht regt es sogar Ihre Neugier auf weitere Zusammenhänge und das umfangreiche Wissen an, das wir in unseren Büchern neu geweckt und bewahrt haben.

GRUNDREGELN *und* ERSTE *Schritte*

Lebendige Tradition – das bedeutet,
das Alte und Bewährte
zu schätzen und zu pflegen,
aber auch das Neue und sorgfältig geprüft Bessere
mit offenen Armen zu empfangen.

Dieses Buch enthüllt ein faszinierendes Geheimnis und beantwortet eine Frage, die schon Generationen beschäftigt hat: Warum ist das Holz alter Bauernhäuser – oft weit über 300 Jahre alt – deutlich stabiler und langlebiger als das moderne Holz aus dem Baumarkt, das oft schon nach kurzer Zeit reißt, sich verzieht oder verfault? Die Antwort liegt verborgen im alten Wissen rund um den richtigen Zeitpunkt des Holzfällens.

Heimwerker, Bauherren, Schreiner und Waldbauern profitieren seit jeher von diesem wertvollen Erfahrungsschatz. Wer als Waldbauer oder Schreiner den richtigen Zeitpunkt für die Holzernte berücksichtigt, erkennt schnell die Vorteile des »Mondholzes«. Es erlaubt nachhaltiges und umweltfreundliches Arbeiten und erhöht den Wert biologischer Holzprodukte im Innen- und Außenbereich erheblich. Ganz ohne chemische Zusätze, die das Holz zu Sondermüll degradieren und unsere Gesundheit belasten, bleibt Holz somit das, was es immer schon war: einer der schönsten und natürlichsten Werkstoffe, die uns die Natur schenkt. In puncto Langlebigkeit kann es problemlos mit Beton, Stahl, Glas und Kunststoff konkurrieren – ganz ohne deren Nachteile.

Entscheidend ist: Die Anwendung natürlicher Materialien wie Naturharze, Holz, Schafwolle oder Kalkfarben erfordert die Wahl eines optimalen Zeitpunkts. Nur dann sind diese Materialien umweltbelastenden Industrieprodukten in nahezu jeder Hinsicht überlegen – gesünder, menschenfreundlicher und langlebiger! Beeindruckende Beweise für die Haltbarkeit und Qualität dieser natürlichen Werkstoffe finden Sie etwa beim Besuch eines historischen Museumsdorfes wie in Kramsach in Tirol. Hier erzählen jahrhundertealte Holzbauwerke faszinierende Geschichten, die kein Stahlbetonbau jemals wiedergeben könnte.

Für die wichtigsten Tätigkeiten bei Hausbau, Renovierung und Holzverarbeitung finden Sie im Folgenden klare Hinweise zu guten und weniger geeigneten Zeitpunkten im Einklang mit dem Mondlauf. Sollten Sie eine Tätigkeit vermissen, dann profitiert diese entweder kaum von der richtigen Terminwahl (z. B. Elektroinstallationen) oder sie lässt sich problemlos einer der anderen beschriebenen Tätigkeiten zuordnen.

Bauen und Renovieren im Rhythmus der Naturgesetze und der Zyklen des Mondes ist nicht nur angenehmer und leichter umzusetzen, sondern auch kurz- und langfristig günstiger. Noch wichtiger: Es bringt Sie Ihrem Ziel, gesund zu wohnen und die Natur nicht auszubeuten, einen entscheidenden Schritt näher – selbst wenn Sie nur eine einzige Regel kennen und befolgen, die wie folgt lautet:

> Zwei unterschiedliche Materialien, die dauerhaft verbunden werden sollen – egal, ob durch Kleben, Mischen, Verschmelzen, Zusammenschieben, Verschränken, Pressen oder Zinken –, sollten bei ***abnehmendem Mond*** zusammengefügt werden.

Da diese Regel für nahezu alle Arbeiten beim Hausbauen und Renovieren gilt, mag sich Ihnen nun die Frage stellen: Soll ich also nur 14 Tage lang arbeiten und die restlichen 14 Tage pausieren? Die Antwort lautet: Nein – aber mit kluger Planung können Sie beide Mondphasen optimal nutzen.

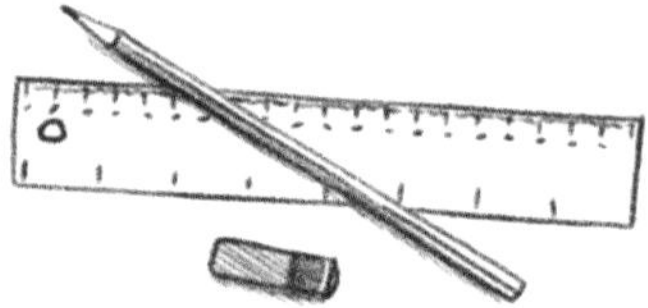

Die BESTE PRÄVENTION: *weise Planung!*

Wenn Sie die Kraft des richtigen Zeitpunkts nutzen möchten, führt kein Weg an einer präzisen Planung vorbei. Legen Sie die Reihenfolge der anstehenden Arbeiten fest – am besten mit Unterstützung von Fachleuten wie Architekten oder Bauleitern – und stimmen Sie danach alles mit dem Mondkalender ab. Es gibt noch eine Grundregel, die Sie schon in die allerersten Planungsschritte und Entscheidungen einbeziehen sollten, lange bevor Sie den ersten Spatenstich setzen:

> Beim Hausbau sollte man Dimensionen und Qualität aller sichernden und schützenden Elemente stets so auslegen, dass sie ***das Maximale*** aushalten – tagelange sintflutartige Regenfälle, sechs Wochen Frost mit minus 20 Grad, starke Temperaturunterschiede, hohe Schneelasten, Blitzschlag etc.

Sie werden oft zu hören bekommen: »Das braucht's nicht, solche Winter/Regenfälle/Temperaturen etc. kommen bei uns nicht vor«, wenn Sie nach Belastbarkeit, Qualität, Langlebigkeit etc. fragen. Nur die normalen Belastungen eines Hauses zu berücksichtigen, ist zwar sicher sehr viel preiswerter, als für alle Fälle gewappnet zu sein, nur: Sie werden hoffentlich lange in Ihrem Haus leben. Und der Tag des großen Sturms, des großen Regens oder des »Jahrhundertgewitters« wird kommen. Heute. Morgen. Oder in zehn Jahren. In Zeiten des Klimawandels vielleicht sogar früher als später. Wie sehr wünschen Sie sich das Gefühl, auch für solche Tage gerüstet zu sein? Also planen Sie entsprechend.

Sie werden beim Lesen dieses Buches erkennen, dass tatsächlich die meisten Arbeiten bei abnehmendem Mond durchgeführt werden sollten. Das bedeutet nicht nur eine bewusste Planung der Handwerker, sondern schenkt Ihnen auch etwas Kostbares: Zeit und Ruhe für eine sorgfältige Auswahl der Materialien und Gestaltungselemente bei zunehmendem Mond. Gut geplant ist halb gewonnen! Also nehmen wir die Schaufel in die Hand – und setzen den ersten Spatenstich zum richtigen Zeitpunkt. Und an den richtigen Ort, von dem jetzt die Rede sein soll.

Der GUTE BAUPLATZ

Warum befindet sich die Predigtkanzel in fast allen Kirchen an unterschiedlichen Positionen? Warum dauert die Heilungsphase von Patienten in manchen Betten eines Krankenhauses länger als in fast allen anderen Betten? Warum haben manche Kinder in Schulklassen an einer bestimmten Stelle Lernschwierigkeiten? Die Antwort auf alle drei Fragen ist fast immer dieselbe:

> Ob in der freien Natur, in unseren Städten und Dörfern, in jedem Haus oder jeder Wohnung – überall gibt es für den Menschen »gute« und »schlechte« Plätze. Ihre Qualität ist unabhängig davon, was sich an diesen Orten befindet – sei es ein Feld, ein Baum, eine Mauer, ein Tisch, ein Bürostuhl, ein Bett oder eine Küchenzeile. Längeres Verweilen an schlechten Plätzen kann uns beeinträchtigen, unsere Selbstheilungs- und Abwehrkräfte schwächen und schlimmstenfalls sogar die Gesundheit gefährden. Es ist möglich, solche Plätze zu identifizieren und sie zu meiden – eine Kunst, die seit jeher geübt wird.

Vor Jahrtausenden schon, als unsere Vorfahren sesshaft wurden, entdeckten sie, dass es »Orte der Kraft« gibt, die stärkend wirken – und solche, die den menschlichen Organismus und sein Immunsystem schwächen. Besonders in alten Kulturen, etwa im antiken China, entwickelte sich die »Kunst, am richtigen Ort zur richtigen Zeit zu sein«. Menschen, die diese Kunst ausübten – bekannt in aller Welt unter verschiedenen Namen (Wünschelrutengeher, Drachenreiter, Radiästheten etc.) –, konnten diese Kräfte in der Natur aufspüren: Kraftplätze, Kraftfelder, unsichtbare Energielinien, die wie ein feines Netz die Erde überziehen. Ihre Aufgabe bestand darin, in jedem Raum Plätze zu finden, die die Bewohner mit positiven Energien stärkten. Noch bis in die Mitte des 20. Jahrhunderts war es auf dem Land oft üblich, vor dem Bau eines Hauses einen dieser Menschen, meist einen Pendler oder »Rutengeher«, zu Rate zu ziehen, um zuerst den idealen Bauplatz, dann die besten Stellen für Schlaf- und Arbeitsräume und vor allem auch für die Tierställe zu finden.

Stellen wir uns also vor: Der Bauplatz ist gefunden, ebenso die Baufirma. Alles ist bereit für den »ersten Spatenstich«. Jetzt ist es Zeit für den allerersten Schritt, der allem vorangehen sollte, nämlich die Position des Fundaments zu bestimmen, den »guten Platz«. Wer kann das tun? Auch heute noch gibt es sie, die Spezialisten für diese Aufgabe, die Rutengeher und Pendler. Einen fähigen Rutengeher zu holen, ist die schnellste Methode, um einen guten Platz von einem schlechten Platz zu unterscheiden. Gesegnet der Landstrich, das Dorf, die Stadt, die heute – immer noch oder endlich wieder – ihre guten Rutengeher beherbergen, zu Rate ziehen und deren Bewohner um den ungeheuren Gewinn wissen, den die Arbeit dieser berufenen Menschen für sie hat. Wie aber erkennt man einen fähigen Rutengeher? Eine klare Antwort können wir aus vielen Gründen nicht geben. Zu verschieden sind diese Menschen äußerlich, in Auftreten und Herkunft, zu vielfältig ihre Methoden. Einige Dinge lassen sich jedoch feststellen:

› *Ein guter Rutengeher wird für seine Arbeit, für seine Kunst niemals auffällig Werbung treiben. Er ist sich bewusst, dass er mit ihr einen göttlichen Auftrag erfüllt, er übt sie aus und damit basta. Wenn er sich tatsächlich als fähig erweist, spricht sich das schnell herum. In kürzester Zeit hat er ohnehin regelmäßigen Zulauf – ohne jede Propaganda.*

› Für seine Arbeit nimmt er nicht viel Geld. Wenn bei einem fähigen Rutengeher Geld ins Spiel kommt, dann meist deshalb, weil seine Klienten ihm zu Recht nicht zumuten wollen, ohne Bezahlung eine wirklich wichtige Arbeit zu leisten. Oft kann und will man sich erkenntlich zeigen.

› Wenn ein Rutengeher zu Ihnen kommt, misst er zuerst das Grundstück beziehungsweise das Umfeld des Hauses aus, ohne zu wissen, wo im Haus sich die Arbeitsplätze und Schlafstellen befinden. Aus dem Verlauf der Linien und Störzonen kann er auf stark schwächende Kreuzungspunkte schließen.

› Ganz entscheidend: Ein fähiger Rutengeher weiß, dass es gegen Erdstrahlen nur ein dauerhaft wirksames Mittel gibt: der Umzug auf einen guten Platz![1] Er würde Ihnen niemals »Abschirmgeräte« oder dergleichen aufschwatzen.

[1] Wir haben dem Thema »Guter Platz« im fünften Buch dieser Reihe ein ausführliches Kapitel gewidmet und möchten es Ihnen daher sehr ans Herz legen: **Haushalt und Alltag im Einklang mit dem Mond** (Servus-Verlag).

Zum Schluss dieses Kapitels eine Ermutigung: Mehr oder weniger jeder von uns hat die Fähigkeit, gute und schlechte Plätze voneinander zu unterscheiden. Viel Freude beim Ausprobieren!! Doch jetzt geht es weiter, der erste Spatenstich steht an!

ERDE AUSHEBEN *zum* ERRICHTEN *des* FUNDAMENTS

Der Zeitpunkt aller Erdarbeiten – vom Ausheben für Fundament- und Kellerbau bis zum Anlegen von Gräben und Kanälen – entscheidet in hohem Maße über das aktuelle und vor allem spätere Verhalten des Grundwassers am Haus und in der näheren Umgebung. Wenn es um den Bau von Wohnhäusern geht, nimmt oftmals schon der Baubescheid Rücksicht auf besondere Verhältnisse, Quellen etc. und schreibt Drainagen oder andere Sicherungsmaßnahmen vor.

Zur persönlichen Erfahrung zahlreicher Architekten und Baumeister gehört es, dass in ein und demselben Siedlungsgebiet bei Erdaushebungen ganz unterschiedliche Wasserverhältnisse herrschen. Einmal bleibt die Baugrube trocken, nur wenig Erde rutscht nach und spätere Probleme bleiben aus, ein anderes Mal füllt sich die Baugrube rasch mit Wasser und das Kellermauerwerk ist später nur mit viel Mühe, perfekter Isolierung und Drainage trocken zu bekommen – obwohl die Grundstücke nahe beieinander liegen. Fast immer ist der Zeitpunkt der Erdaushebung für diese widersprüchliche Erfahrung verantwortlich.

> Der grundlegende Unterschied: Bei ***abnehmendem Mond*** ausgehoben, bleibt die Baugrube eher trocken, bei zunehmendem Mond ausgehoben, kommt das Wasser – wenn vorhanden – viel schneller.

Ob bei zunehmendem oder bei abnehmendem Mond: Letztlich muss jeder für sich selbst entscheiden, wann er Erdarbeiten vornehmen lässt. Oftmals richtet sich der Baubeginn auch nach dem Zeitplan der Baufirma oder nach dem Wetter. Sollte die Arbeit, aus welchen Gründen auch immer, bei zunehmendem Mond geschehen, dann bestehen Sie darauf, dass die Drainage und eventuell der Anschluss eines Regenwasserkanals sofort gelegt werden! Lässt sich absehen, dass eine gute Drainage keinesfalls gleich nach dem Erdaushub gelegt werden kann (was der Normalfall sein dürfte), dann sollte man unbedingt bei abnehmendem Mond mit der Arbeit beginnen und später das Kapitel Seite 42 zum richtigen Zeitpunkt des Drainagierens konsultieren.

IDEAL

Bei ***abnehmendem Mond***, jedoch nicht in ***Krebs***, ***Skorpion*** und ***Fische***.

GÜNSTIG

Bei ***abnehmendem Mond***.

Zum richtigen Zeitpunkt bleibt die Baugrube eher trocken, besondere Maßnahmen zum Schutz vor Wassereinbrüchen sind meist nicht nötig. Nach stärkeren Regenfällen trocknet alles schneller ab.

UNGÜNSTIG

Generell bei ***zunehmendem Mond***.

SEHR UNGÜNSTIG
Bei ***zunehmendem Mond*** in ***Krebs***, ***Skorpion*** und ***Fische***.

Wenn Sie einen ungünstigen Zeitpunkt erwischen, kann drückendes Grundwasser leichter in die Baugrube strömen und sich später leichter einen Weg durch Fundament und Kellerwände bahnen. Die Baugrube muss oft aufwändig abgestützt werden. Stärkere Regenfälle hinterlassen große Pfützen.

Tipps und Anmerkungen

› *Für die spätere Gartenanlage lassen Sie den Humus zuerst abtragen und zur Seite schieben. Die darunterliegende lockere Schicht nutzen Sie zum späteren Auffüllen. Die tiefste, grobe (oftmals lehmige) Schicht kann abtransportiert werden.*

› *Lassen Sie zwischen den Erdhaufen genügend Raum für den Ablauf des Wassers bei starken Regenfällen, sonst verwandelt sich Ihre Baustelle in eine Schlammwüste.*

› Natürlich gilt dies nur, wenn dafür der Raum zur Verfügung steht. Vergessen Sie nicht, dass möglicherweise auch Ihr Nachbar unter der Baustelle zu leiden hat. Strapazieren Sie seine Geduld nicht über Gebühr durch Belästigungen, die bei ein wenig Nachdenken vermeidbar wären. Besonders Wochenendhandwerker lassen manchmal die nötige Rücksicht vermissen. Bedenken Sie: Eine gute Nachbarschaft ist dann am allerwichtigsten, wenn man sie braucht.

ERDE AUSHEBEN *mit* SOFORTIGER DRAINAGE

Wer den ersten Spatenstich beim Hausbau bei zunehmendem Mond vornehmen muss, womöglich sogar auch noch bei Krebs, Skorpion und Fische, der sollte das nach der Lektüre des vorherigen Kapitels nicht unbedingt als Nachteil sehen. Sie dürfen nur eines nicht vergessen: Sie sind entweder selbst der Baggerführer oder Sie sind als Kunde der König. In beiden Fällen können Sie dafür Sorge tragen, dass die unbedingt notwendigen

Entwässerungsmaßnahmen am Haus sofort erfolgen, im Idealfall zu den unten angegebenen Zeitpunkten. Um genau zu sein: Zur Drainage gehören das Verlegen der Drainagerohre UND das Auffüllen der Gräben mit Rollschotter.

IDEAL

Bei ***zunehmendem Mond*** in den Tierkreiszeichen ***Krebs, Skorpion*** und ***Fische***, im Idealfall in der Woche vor Vollmond.

Der Vorteil des Aushebens bei zunehmendem Mond und der sofortigen Drainage: Gefahr erkannt, Gefahr gebannt. Man erkennt sofort die Wassersituation am Grundstück, es lässt sich problemlos auffangen. Maßnahmen zum Fangen und zur Ableitung sind Erfolg versprechender.

UNGÜNSTIG

Bei ***zunehmendem Mond***, wenn der Mond gerade nicht in einem ***Wasserzeichen*** (Krebs, Skorpion und Fische) steht.

SCHLECHT

Generell bei ***abnehmendem Mond***.

Früher suchte man stets Wege, um dem Wasser Raum zu lassen, oder baute gleich so, dass ein Wassereinbruch keinen größeren Schaden anrichten konnte. Damals mehr als heute war es selbstverständlich, das Wasser dorthin fließen zu lassen, wo es die Natur haben wollte, nämlich zum Versickern am Grundstück. Vielleicht haben Sie schon Regenrinnen gesehen, die das Wasser an einer Kette entlang zu Boden führen, in eine kleine Schottergrube oder dergleichen – eine sinnvolle Sache!

Vielfach entscheiden sich Hausbauer aus Bequemlichkeit für den Anschluss an den vorhandenen Regenwasserkanal. Und das hat Folgen: Großflächig betrieben, führt der Anschluss zwangsläufig zu einer Verfälschung des Grundwasserstandes in diesem Gebiet. Das wiederum führt zu einschneidenden Veränderungen in der Umwelt – Austrocknungen sowie Veränderungen in der Tier- und Pflanzenwelt einer ganzen Region. Regenwasserkanäle kosten Millionen, die Beseitigung der durch sie ausgelösten Schäden ebenfalls.

Prüfen Sie, ob es bei Ihnen die Möglichkeit gibt, mit Regenwasser besser umzugehen als bisher üblich. Etwa durch den Einbau einer Regenwasserzisterne, in die auch Ihre Drainagerohre münden und die einen großen Teil Ihres Brauchwassers liefern kann. Oder durch die Versickerung auf Ihrem Grundstück (was geologisch manchmal nicht möglich ist). Wenn Sie diese Prüfung abgeschlossen haben, kann Ihnen dieses Buch sehr nützlich werden.

BETON *und* ESTRICH *gießen*

Neben dem wasserdichten Dach über dem Kopf gehört ein trockener Keller zu den allerwichtigsten Dingen beim Hausbau. Wer hier spart, begeht langfristig einen großen Fehler. Jeder Hausbauer sollte sich von Anfang an im Klaren darüber sein, dass ein solide gebauter, trockener Keller, seine fachgerechte Isolierung und Drainage, eine Stange Geld kosten.

Jeder Architekt, jeder Baumeister hat schon die Erfahrung gemacht, dass Betonflächen ohne ersichtlichen Grund reißen. Oder, was noch schlimmer ist, dass Feuchtigkeit in ein Bauwerk eintritt, obwohl »wasserdicht« betoniert wurde. Meist werden daraufhin die »üblichen Verdächtigen verhaftet« – das Wetter, die Betonqualität, »Kältebrücken«, Schwarzarbeit etc. Dem Bauherrn nützt die Diskussion wenig, und selbst wenn nach einiger Zeit finanzieller Ausgleich geleistet wird, ist der Schaden nur schwer zu beheben.

GÜNSTIG

Bei ***abnehmendem Mond***, mit Ausnahme der ***Löwe-Tage***.

IDEAL

Bei ***abnehmendem Mond*** in den Tierkreiszeichen ***Stier***, ***Jungfrau*** und ***Steinbock***.

Zum richtigen Zeitpunkt trocknet Beton gleichmäßig und verbindet sich fest mit dem Untergrund und anderen Flächen. Die Gefahr von Rissbildungen ist geringer. Holzschalungen, sofern sie zuvor fachgerecht eingeölt wurden, lassen sich leichter lösen.

UNGÜNSTIG

Generell bei ***zunehmendem Mond***, aber auch bei ***abnehmendem Mond in Löwe.***

SCHLECHT
Generell bei **Vollmond,** besonders bei **Vollmond in Löwe**.

Wenn Sie einen ungünstigen Zeitpunkt erwischen: Bei Löwe trocknet der Beton zu rasch, die Gefahr der Rissbildung ist größer. Kurz vor Vollmond betonierte Flächen verbinden sich schlecht mit anderen Stoffen, auch mit schon getrockneten anderen Betonflächen. Selbst die Verwendung von Fugenbändern kann manchmal die Erwartungen nicht erfüllen.

Tipps und Anmerkungen

› Wenn beim Gießen von Betondecken zwar der richtige Zeitpunkt gewählt worden ist, aber große Hitze herrscht, sollten die Flächen alle paar Stunden mit Wasser besprengt werden, um eine gleichmäßige Trocknung zu erzielen.

› Auch beim Aufsetzen der Kellerwände wäre es von Vorteil, auf den richtigen Zeitpunkt zu achten. Wird die Arbeit bei zunehmendem Mond an einem

Wasserzeichen (Krebs, Skorpion, Fische) durchgeführt, trocknen die Wände sehr schlecht, was zu hoher Raumluftfeuchte führt. Ein ständiger Nährboden für Schimmel im Keller könnte die Folge sein.

› Bei allen Decken und somit auch bei der Kellerdecke ist ein langsames Abtrocknen eher wünschenswert, um das Reißen zu vermeiden. Meist behilft man sich zu diesem Zweck mit einer Berieselung mit Wasser (ca. alle zwei bis drei Stunden die Decke mit einem Schlauch abspritzen). Die Arbeit zum richtigen Zeitpunkt kann das Ergebnis entscheidend verbessern.

› Der Termin für das Gießen tragender Wände ist frei wählbar. Wenn es jedoch keinen größeren Aufwand mit sich bringt, sollten Sie auch bei dieser Arbeit auf den Zeitpunkt achten. Der abnehmende Mond ist etwas günstiger, weil die Trocknung des Rohbaus schneller verläuft. Insgesamt sollte man mit der Ausstattung von Wohnbereichen im Keller bis etwa ein Jahr nach Fertigstellung warten.

Einige Worte noch zum Thema »Bauen mit Beton«: »Es kommt darauf an, was man daraus macht« – so wirbt die Industrie, wenn sie uns seine Verwendung nahelegen möchte. Das stimmt. Aber mit Beton ist es wie mit der Schulmedizin: Sie ist nicht »immer gut« oder »immer schlecht«, es hängt davon ab, wie und wofür man sich ihrer Gesetze und Prinzipien bedient. Ja, Beton hat seine Berechtigung, genauso wie Stein seine Berechtigung hat. Flüssiger Stein ist dort sinnvoll, wo er angebracht ist. Sie müssen selbst entscheiden, wo.

Wichtig ist die Information, dass Beton als Baustoff von Wänden und Decken im Wohnbereich eine eher negative Wirkung auf unsere Gesundheit hat, weil Beton »ziehend« wirkt. Was das genau bedeutet, ist schwer zu beschreiben, aber leicht zu erleben und zu fühlen. Jeder, der tagsüber von Beton umgeben arbeitet und zu Hause in Holz oder Ziegel eingehüllt ist, hat schon einmal erfahren, wovon wir sprechen. Diese ziehende und schwächende Kraft lässt sich glücklicherweise neutralisieren, allerdings um einen Preis: Eine fünf Zentimeter dicke Korkschicht würde genügen. Je dünner diese ist, desto geringer die Abschirmwirkung. Über diese Schicht lässt sich streichen, tapezieren, verputzen. Eine etwas kostspielige Lösung, aber sollten unsere Gesundheit und unser Wohlbefinden uns das nicht wert sein? Eine Holzverkleidung wirkt ebenfalls abschirmend, aber nicht so stark wie Kork. Verzichten

Sie von vornherein auf Beton, wo es möglich ist. Und verwenden Sie Beton nur, wo es nötig ist und niemandes Gesundheit untergräbt.

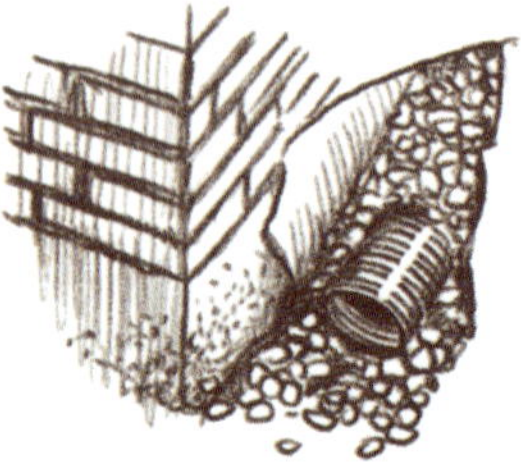

DRAINAGIEREN *rund ums* HAUS

Mit der richtigen Einstellung geplant, kann sich ein Haus so harmonisch und schön in die Umgebung einfügen wie ein Vogelnest in eine Rosenhecke. In gewisser Weise ist das Drainagieren eines Gebäudes gleichbedeutend mit dem Versuch, den »Fremdkörper Haus« mit den vorhandenen natürlichen Gegebenheiten in Harmonie zu bringen.

Drainagieren – damit ist hier der Versuch gemeint, ein Gebäude mithilfe bestimmter Techniken von Bodenfeuchte und Grundwasser freizuhalten. In der Regel geschieht dies durch das Verlegen von feingelochten Kunststoffröhren mit etwa 12 Zentimetern Durchmesser – ca. 50 Zentimeter unterhalb der Fundamentplatte und um das ganze Haus herumgeführt. Sie weisen ein Gefälle auf und sind so eingebracht, dass das Wasser an der tiefsten Stelle abgeleitet wird, im Idealfall zum Versickern am Grundstück oder auch in den Regenwasserkanal. Eingehüllt werden diese Röhren meist in groben Kies, damit sich das Wasser ungehindert einen Weg zu ihnen bahnen kann. Feine Erde würde die Röhren verstopfen und unbrauchbar machen.

Das Drainagieren selbst dauert in der Regel nur wenige Stunden, die Qualität dieser Arbeit kann sich allerdings jahrzehntelang auswirken. Sie gehört zu den wichtigsten Arbeitsschritten beim Hausbau, es empfiehlt sich daher, sie sehr sorgfältig auszuführen und zu kontrollieren.

Eine gute Drainage kann auch schwierigste Hauslagen zum Kinderspiel machen, Keller und Wände bleiben für die Lebensdauer des Hauses trocken. Eine schlechte oder verstopfte Drainage kann unter Umständen dazu führen, dass das Haus im Laufe von Jahrzehnten mehrfach den Besitzer wechselt. Fast möchten wir Ihnen raten: Bleiben Sie anwesend, während die Drainage eingebaut wird. Die Drainage ist in Minutenschnelle zugeschüttet und kann nachträglich nur noch unter hohem Aufwand kontrolliert oder saniert werden.

IDEAL

Bei ***zunehmendem Mond*** in den Tierkreiszeichen ***Krebs***, ***Skorpion*** und ***Fische***.

Zum richtigen Zeitpunkt findet das Wasser seinen Weg in die Röhren und nimmt die »Umleitung« weg vom Haus an. Ein Freundschaftsangebot an das Wasser.

UNGÜNSTIG

Bei ***zunehmendem Mond***, wenn der Mond gerade nicht in einem ***Wasserzeichen*** (Krebs, Skorpion, Fische) steht.

SCHLECHT

Generell bei ***abnehmendem Mond***.

Wenn Sie einen ungünstigen Zeitpunkt erwischen, ist das Drainagieren bei abnehmendem Mond vergleichbar mit einem stauenden, blockierenden Impuls. Das Wasser sucht sich dann oft einen zufallsbestimmten neuen Weg oder der Druck erhöht sich. Röhren können verstopfen oder versanden.

Tipp

› Eine sinnvolle Zusatzeinrichtung sind Drainageröhren, die quer durch die Schotterrollierung nach oben geführt werden und mit den höheren Punkten der eigentlichen Drainage in Verbindung stehen. Durch sie lässt sich die Drainage von Zeit zu Zeit ausspülen. Das Ausspülen sollte natürlich auch zum richtigen Zeitpunkt erfolgen, nämlich in diesem Fall bei abnehmendem Mond in einem Wasserzeichen (Krebs, Skorpion, Fische). Bei zunehmendem Mond erhöht sich die Gefahr, dass das Rohr versandet.

Der Einfluss des MONDES auf den Werkstoff HOLZ

»Holz ist ein einsichtiger Stoff,
voll Wärme und Seele.«
Hermann Hesse

Wir möchten Sie einladen, sich eine Idee zu Herzen zu nehmen: Jeder einzelne Gedanke, jedes Gefühl, das Sie dem lebendigen Werkstoff Holz entgegenbringen, formt unsere gemeinsame Zukunft mit. Sie beeinflussen damit, ob wir wieder im Einklang mit unserer Lebensgrundlage, der Natur, leben werden – oder ob wir an den Folgen unserer selbst geschaffenen Gifte scheitern. Allein durch die Art, wie Sie über Holz denken und fühlen, tragen Sie dazu bei, ob wir eines unserer kostbarsten Lebenselixiere – die reine Luft – auch in Zukunft atmen dürfen. Oder ob wir an dem ersticken, was unsere Hände geschaffen haben.

Es liegt mit in Ihrer Hand, ob Holz in seiner natürlichen, lebendigen Form Ihr Leben bereichert und mit Licht erfüllt – oder ob es durch Gifte versiegelt, »verschönert« oder »geschützt« wird, ob es in Form von Pressspanplatten oder verleimtem Sondermüll unsere Deponien füllt, unsere Luft beim Verbrennen verdunkelt und unsere Böden beim Verrotten vergiftet. All das entscheidet sich nicht allein in der

Industrie, sondern auch im Bewusstsein jedes Einzelnen von uns. Ein wesentlicher Teil unserer Arbeit ist der Erinnerung an das Geschenk Holz gewidmet. Besonders möchten wir an eine Gabe erinnern, die uns der Wald still und selbstverständlich reicht: das innere Licht des Holzes. Unsere Vorfahren kannten dieses Licht noch. Heute ist es fast vergessen – selbst unter jenen, die tagtäglich mit Holz arbeiten. Es gibt kein Wort in unserer Sprache, das dieses Geschenk des Holzes treffend beschreibt. Diese Eigenschaft lässt sich nicht wissenschaftlich messen – sie erschließt sich nur dem feinsten aller Instrumente: unserem inneren Gespür. Trotzdem versuchen wir, Worte dafür zu finden, um vielleicht Ihr Empfinden zu wecken: Haben Sie schon einmal eine Zeit lang in einem Holzhaus gelebt – oder Urlaub darin gemacht? Erinnern Sie sich an das Gefühl? Oder wohnen Sie vielleicht heute in einem Haus aus Holz und können den Unterschied zu einem Gebäude aus Beton und Stahl spüren? Fühlen Sie, was anders ist? Wird Holz verbrannt, bleibt nur ein winziger Teil als Asche zurück – weniger als ein Zehntel der Substanz, die der Baum einst aus der Erde holte. Der Rest: reines Licht, Luft, Sonne – in Form gebundener Energie. Deshalb schwächen uns Räume, die hauptsächlich aus unterirdischen Materialien bestehen, auf Dauer. Alles, womit wir uns umgeben – sei es Kleidung, Mauerwerk oder Dach –, sollte aus lebendigen, oberirdisch gewachsenen Stoffen bestehen, wenn es uns Kraft geben soll, statt sie uns zu rauben.

Produkte aus Erdöl oder aus Stoffen tief aus der Erde – Metalle, Beton, Kunststoffe, Farben, Lacke – wirken auf unseren Organismus schwächend, wenn wir ihnen langfristig ausgesetzt sind. Wird Holz mit solchen Mitteln behandelt, wird es nicht nur zu zukünftigem Giftmüll – es verliert auch seine lichtvolle Energie, die uns Menschen nährt und stärkt. Unsere Vorfahren wussten um diese Kraft. Sie achteten sogar auf die Richtung, in der das Holz verbaut wurde. Bei Böden etwa wechselten sie bei den Brettern die Ausrichtung von Wurzel und Wipfel ab, nie wurden sie quer zum Eingang verlegt. Heute erkennen viele Handwerker nicht einmal mehr, wo ein Brett seinen Ursprung hatte.

Mit unserer Arbeit möchten wir auch hier einen Weg eröffnen – zu einer neuen Sichtweise, zu einer tieferen Erinnerung: Was verlieren wir, wenn wir den Wald weiterhin als bloße Rohstoffquelle behandeln – in Monokultur erschöpft, in seiner Vielfalt vergessen?

Diese Quellen eines fast verlorenen Reichtums zu schützen, zu pflegen und neu zu verstehen, ist eine der wichtigsten Aufgaben unserer Zeit.

Wir wissen heute viel über die krankmachenden Eigenschaften moderner Baustoffe, Farben und Materialien. Und auch wenn nicht alles wissenschaftlich bewiesen ist – wir fühlen es längst. Doch was ist die Alternative? Wie können wir einen neuen Weg finden? Holz kann ein Teil der Antwort sein. Gerade heute, da das Bewusstsein für umweltfreundliche Forstwirtschaft, naturgemäßen Hausbau und den Schutz von Mensch und Natur wieder wächst, kann altes Wissen neue Bedeutung gewinnen – etwa über die Mondrhythmen bei der Holzernte und -verarbeitung. Es ist kaum vorstellbar, dass unsere Vorfahren Häuser, Brücken und Möbel, die Jahrhunderte überdauerten, ohne dieses Wissen gebaut hätten: über die Pflege des Waldes, den richtigen Zeitpunkt der Ernte, den passenden Einsatz des Holzes.

Dieses Kapitel ist für Sie geschrieben – für Menschen, die den Unterschied spüren: zwischen einem liebevoll handgefertigten Möbelstück und einem Produkt vom Fließband. Für Menschen, die fühlen, dass Holz ihr Zuhause lichter, wärmer und lebendiger macht.

TÜREN, FENSTER *und* WINTERGÄRTEN *fertigen*

Fensterrahmen, Türen oder Wintergärten aus mondphasengeerntetem Holz, zum richtigen Zeitpunkt verarbeitet, bei abnehmendem Mond mit natürlichen Farben lasiert und zum richtigen Zeitpunkt verglast und eingebaut – eine endlose Freude. Gleichzeitig ein lebendiger, atmender Bestandteil des Hauses. Wie bei allem wirklich Guten, reibungslos Funktionierenden und Schönen, wie bei allem Lebendigen bedarf es später auch der Pflege und »Zuwendung«. Aktiv und bewusst. Nicht als lästige Pflicht, sondern aus Liebe zu den Dingen der Natur in Ihrer nächsten Umgebung, die für Sie da sind.

Im Folgenden erfahren Sie, wie Ihnen die Mondregeln helfen können, Fenster, Wintergärten und Türen ohne jedes Gift aus Holz fertigen zu lassen.

IDEAL

Bei ***abnehmendem Mond*** im Tierkreiszeichen ***Steinbock***.

GÜNSTIG

Bei ***abnehmendem Mond***, mit Ausnahme der ***Löwe-***, ***Schütze-*** und ***Krebs-Tage.***

Zum richtigen Zeitpunkt bleibt Holz ruhig, verzieht sich nicht. Fensterrahmen und Türblätter bleiben ebenfalls ruhig und schließen dicht. Im Fensterfalz bildet sich keine Feuchtigkeit, die zum Verrotten oder Abblättern der Farbe führen könnte. Nach Regengüssen trocknen sie rasch ab.

UNGÜNSTIG

Generell bei ***zunehmendem Mond***, aber auch bei ***abnehmendem Mond*** in ***Löwe***, ***Schütze*** und ***Krebs***.

SCHLECHT

Bei ***zunehmendem Mond*** in ***Löwe***, ***Schütze*** und ***Krebs*** sowie bei ***Vollmond.***

An einem ungünstigen Zeitpunkt verziehen sich Fenster leichter, die Feuchtigkeit bleibt im Holz, es wird leichter morsch. Türen schließen im Laufe der Zeit schlechter.

Tipps und Anmerkungen

› Äste in Fensterrahmen sollten Sie unbedingt bei abnehmendem Mond ausbessern lassen, weil sie sonst später herausfallen könnten. Wenn möglich, nicht mit Holzkitt, sondern mit Holzdübeln arbeiten.

› Wenn Sie Fenster intensiv waschen, dann immer allseitig und bei abnehmendem Mond. Sie werden sehen, dass dann beispielsweise ein Wintergarten viel mehr Freude macht, weil seine Glasflächen viel seltener gesäubert werden müssen.

Fenster VERGLASEN *und* EINSETZEN

Wenn bei der Holzernte, bei der Verarbeitung und beim Einbau der richtige Zeitpunkt beachtet wird, ist ein Fenster aus Holz teilweise viel länger haltbar als mit heute üblichen Methoden hergestellt und verarbeitet. Sie müssen sich nur ein wenig umschauen. Es gibt diese Firmen und Handwerker, und sie freuen sich schon darauf, Fenster für Sie herstellen zu dürfen – und noch viele andere Dinge, die von den Mondregeln profitieren.

Auch das Verglasen von Fenstern gehört zu diesen Dingen: Manche Menschen müssen sich ständig über trübe, angelaufene Fenster ärgern, obwohl die Fenster scheinbar wie ein Ei dem anderen denen des Nachbarn gleichen und womöglich bei derselben Firma hergestellt wurden. Waren klare Doppelfenster einige Jahrzehnte lang Glückssache, so haben Sie es heute in der Hand. Der Zeitpunkt des Verglasens und Einsetzens ist in hohem Maße ausschlaggebend dafür, ob Sie Freude an Ihren Fenstern haben oder nicht. Wer später zusätzlich auch noch beim Putzen auf den richtigen Zeitpunkt achtet, wird für seine Fenster immer Bewunderung ernten. Warum Fenster dadurch schöner, klarer und sauberer werden, können auch wir nicht genau begründen. Wir bekräftigen aber, dass es so ist, und möchten Ihnen nur raten, es einfach auszuprobieren.

Bei zunehmendem Mond oder in einem Wasserzeichen (Krebs, Skorpion, Fische) verglaste

Holzfenster und Wintergärten können sich verziehen, schlecht schließen und durch eindringende Feuchte vorzeitig morsch werden. Wenn Sie sichergehen wollen und vor allem, wenn Sie nicht wissen, ob das Holz für Türen und Fenster zum rechten Zeitpunkt geschlagen wurde, achten Sie auf die nachfolgenden Regeln.

IDEAL
Bei ***abnehmendem Mond*** in den Tierkreiszeichen ***Wassermann*** und ***Zwillinge***.

GÜNSTIG
Bei ***abnehmendem Mond***, mit Ausnahme von **Krebs, Skorpion** und **Fische.**

Zum richtigen Zeitpunkt bleiben Fenster klar.

UNGÜNSTIG
Bei ***abnehmendem Mond*** in **Krebs, Skorpion** und **Fische.**

SCHLECHT
Bei ***zunehmendem Mond*** in **Krebs, Skorpion** und **Fische** sowie bei **Vollmond**.

> Wenn Sie einen ungünstigen Zeitpunkt erwischen: Bei Krebs, Skorpion und Fische faulen die Fenster schneller. Bei zunehmendem Mond bewegen sie sich stärker. Bei Schütze und Löwe knacksen sie laut.

Tipps und Anmerkungen

› Auch beim Wiedereinsetzen herausnehmbarer Winterfenster entscheidet der Zeitpunkt darüber, ob sie im Winter ständig schwitzen und beschlagen. Es gelten die gleichen Regeln wie beim Einsetzen neuer Fenster. Wann Fenster gestrichen werden sollten und warum gerade dann, erfahren Sie im Kapitel über Malerarbeiten ab Seite 69.

› Wenn Sie das Pech hatten, bei der Verglasung Ihrer Fenster den falschen Zeitpunkt erwischt zu haben, können Sie durch das Putzen zum richtigen Zeitpunkt im Laufe der Zeit einiges wiedergutmachen. Vielleicht haben Sie es schon bemerkt: Oft bleiben beim Fensterputzen Streifen und Schlieren zurück, obwohl Sie nach genau derselben Methode vorgegangen sind wie sonst. Probieren Sie es einfach aus:

Wenn Sie auf den abnehmenden Mond und einen Licht- oder Wärmetag (Zwillinge, Waage, Wassermann und Widder, Löwe und Schütze) achten, genügen schon Wasser mit einem Schuss Spiritus und etwas Zeitungspapier, um freie Sicht zu gewähren.

› *Bei der Reinigung stark verschmutzter Fensterrahmen würden Sie übrigens bei abnehmendem Mond und an einem Wassertag (Krebs, Skorpion, Fische) noch bessere Ergebnisse erzielen. An diesen Tagen sollten Sie das Holz jedoch hinterher sehr gut trocknen. Fensterstöcke keinesfalls bei zunehmendem Mond reinigen und niemals nur von einer, sondern immer von beiden Seiten, damit nicht einseitige Quellungen entstehen! Früher wurden die Fenster ausgehängt und von beiden Seiten nur mit dem Wasserschlauch abgespritzt. Erst später, als die »modernen« Fenster Einzug hielten, hatte man mit verzogenen Rahmen zu kämpfen.*

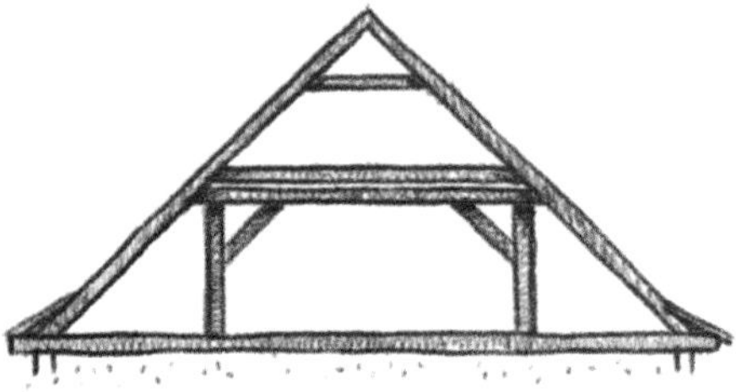

HOLZTREPPEN *und* DACHSTÜHLE *fertigen und aufstellen*

Nach den Natur- und Mondrhythmen verarbeitet und eingebaut, ist Holz »zufrieden« und bleibt ruhig, es hat Raum. Besondere Schutzmittel sind meist überflüssig, in Innenräumen ohnehin. Für seine (im Außenbereich gewünschte) Pflege ist das Überstreichen mit natürlichen Ölen, Lasuren und Farben im Abstand von fünf Jahren völlig ausreichend. Wenn Sie sich solch ein »zufriedenes« Holz in Ihren Holztreppen und im Dachstuhl wünschen, sollten Sie sich an die folgenden Grundregeln halten.

> IDEAL
> Bei ***abnehmendem Mond*** im Tierkreiszeichen ***Steinbock***.

GÜNSTIG

Bei ***abnehmendem Mond***, mit Ausnahme der ***Löwe-***, ***Schütze-*** und ***Krebs-Tage***.

Zum richtigen Zeitpunkt bleibt der Dachstuhl ruhig. Kein Reißen oder Heben der Balken und Unterlatten. Holztreppen knarren nicht. Hohe Haltbarkeit aller Gewerke.

UNGÜNSTIG

Generell bei ***zunehmendem Mond***, aber auch bei abnehmendem Mond in ***Löwe***, ***Schütze*** und ***Krebs***.

SCHLECHT

Bei ***zunehmendem Mond*** in ***Löwe***, ***Schütze*** und ***Krebs*** sowie bei ***Vollmond***.

Wenn Sie einen ungünstigen Zeitpunkt erwischen, gleiten Holztreppen leichter aus den Fugen, bei Schütze arbeitet das Holz stark und knarrt. Bei Löwe trocknet es zu schnell, daher springt es leichter. Der Dachstuhl kann sich heben oder verziehen.

Tipps und Anmerkungen

› *Wenn Sie die Möglichkeit haben, ein Schindeldach zu errichten, achten Sie bitte auf die Drehrichtung des Lärchenholzes. Ideal ist eine gerade oder leicht nach links verlaufende Maserung. Bei feuchtem Wetter dehnt sich das Holz auf natürliche Weise aus, während es sich bei Sonneneinstrahlung leicht wölbt – so kann die Luft gut unter die Schindeln gelangen und daher für eine optimale Trocknung sorgen. Ein kleiner, aber wirkungsvoller Beitrag zur Langlebigkeit Ihres Daches.*

› *Auch beim Zeitpunkt der Dacheindeckung lohnt sich ein Blick auf die Naturzyklen – insbesondere auf den Mondkalender. Früher war das Timing noch entscheidender, da Dachziegel und -platten empfindlicher auf Temperaturschwankungen oder schwere Schneelasten reagierten. Heute ist es eher eine Empfehlung als eine Notwendigkeit – aber dennoch: Der abnehmende Mond, idealerweise im Zeichen Steinbock, gilt als besonders günstige Phase fürs Dachdecken. Ziegel, die in dieser Zeit verlegt werden, halten oft besser zusammen und verrutschen weniger leicht. Wassertage wie Krebs, Skorpion oder Fische hingegen sind zu meiden – sie begünstigen Verschmutzungen und fördern Moosbildung auf dem Dach.*

› Bei natürlichen Dachmaterialien wie Stroh oder Holzschindeln lohnt sich die Beachtung der Mondphasen nach wie vor. Das Stroh sollte bei zunehmendem Mond geerntet und verarbeitet werden – es bleibt dann fülliger, vergleichbar mit einem gut gefüllten Federbett. Das Eindecken selbst sollte hingegen bei abnehmendem Mond erfolgen. Vermeiden Sie dabei allerdings die Feuerzeichen Widder, Löwe und Schütze – sie erhöhen die Austrocknung und damit auch die Brandgefahr.

› Ein oft unterschätzter Punkt mit großer Wirkung: die Dachrinne. Verstopfte Rinnen – etwa durch herabgefallenes Laub – können zu erheblichen Schäden an Fassade oder Innenräumen führen. Wer sie zur rechten Zeit reinigt, tut sich einen großen Gefallen: Bei abnehmendem Mond bleibt die Rinne länger frei und neigt weniger zur Neuverschmutzung.

› Haben Sie ein Ziegeldach, das bereits mit Moos belegt ist, wählen Sie für die Reinigung einen Tag im abnehmenden Mond im Steinbock. Mit einer

kräftigen Bürste lässt sich das Moos besonders effektiv entfernen – und bleibt dann auch lange fern. Auch kleinere Ausbesserungen an den Ziegeln gelingen in dieser Phase besonders gut. Das Zeichen Krebs sollte nach Möglichkeit vermieden werden.

› Ein letzter, praktischer Rat: Beobachten Sie Ihr Dach besonders nach heftigen Schneefällen – vor allem im Frühling, wenn sich tagsüber Schneeschmelze und nächtlicher Frost abwechseln. Diese Bedingungen belasten die Ziegel am meisten und führen oft zu Schäden, die frühzeitig entdeckt und behoben werden sollten.

BODENBELÄGE *verlegen*

Selbst wenn kein Holz im Spiel ist – auch das Verlegen von Naturbodenbelägen kann vom Mondstand profitieren. Sie sollten nur auf eine Vorbedingung achten, nämlich, dass das Verlegen selbst unbedingt bei Raumtemperatur erfolgen sollte, gleichgültig, um welches Material es sich handelt.

GÜNSTIG
Bei ***abnehmendem Mond.***

Zum richtigen Zeitpunkt erfolgt eine gute Anpassung an den Untergrund – kein Werfen, keine Fugenbildung bei Naturstoffen. Der Belag wölbt sich auch bei starken Schwankungen von Temperatur und Luftfeuchte nicht auf. Kleber hält besser.

UNGÜNSTIG
Bei ***zunehmendem Mond,*** besonders bei **Vollmond**.

Wenn Sie einen ungünstigen Zeitpunkt erwischen, besteht die Gefahr der Fugen-, Wellen- und Faltenbildung durch stärkeres Zusammenziehen und Ausdehnen. Kleber hält nicht so gut.

Tipp

› Randleisten, ob aus Holz oder anderen Materialien, lösen sich nicht, wenn sie bei abnehmendem Mond angebracht wurden. Jeder weiß, wie man sich beim Putzen von hölzernen Randleisten verletzen kann, wenn die kleinen Nägel herausstehen.

VERPUTZEN *und* AUSBESSERN

Verputzen und Ausbessern – zwei Tätigkeiten, denen sich in den letzten Jahren viele Menschen mit Hingabe gewidmet haben. Besonders im Bereich der Denkmalpflege, bei der Erhaltung alter Schlösser, Kirchen oder Kapellen, gibt es viel zu tun. Und doch ließen sich enorme Kosten einsparen, würde man bei der Renovierung nicht nur auf Material und Technik, sondern auch auf den richtigen Zeitpunkt achten. Denn Erfolg bei Verputz- und Ausbesserungsarbeiten hat nicht nur mit handwerklichem Können und guten Baustoffen zu tun. Selbst an Neubauten zeigen sich häufig Risse im Putz – innen wie außen. Manchmal lösen sich sogar schon nach kurzer Zeit ganze Putzflächen von der Wand. Die Ursachen werden oft bei minderwertigen Materialien, ungünstiger Witterung oder starken Temperaturschwankungen gesucht. Doch der wahre Grund liegt häufig woanders: im falschen Zeitpunkt der Ausführung.

IDEAL
Bei ***abnehmendem Mond***, jedoch nicht in ***Krebs***, ***Skorpion*** und ***Fische***.

GÜNSTIG
Bei ***abnehmendem Mond***, mit Ausnahme der ***Krebs-Tage***.

Zum richtigen Zeitpunkt bleibt der Putz fest und dauerhaft intakt. Die Ausbesserungsarbeit hält viel länger. Die Übergänge zwischen neuem und altem Putz sind viel schöner.

UNGÜNSTIG
Generell bei ***zunehmendem Mond***, aber auch bei ***abnehmendem Mond*** im ***Krebs*** und bei ***Vollmond***.

SCHLECHT
Generell bei ***zunehmendem Mond*** in ***Krebs*** und ***Löwe*** und besonders bei ***Vollmond*** in ***Krebs*** oder ***Löwe***.

Wenn Sie einen ungünstigen Zeitpunkt erwischen, kann Putz Risse bilden und sich schon nach kurzer Zeit wieder lösen. Bei Krebs haftet der Putz schlecht, Löwe ist ungünstig, weil die Trocknung zu rasch verläuft. Der Putz verbindet sich dadurch nicht gut mit der Unterlage und bröckelt später wieder ab.

Tipp

> *Wenn Sie den Putz streichen, sollten Sie es bei abnehmendem Mond in einem Luft- oder Feuerzeichen tun. Feuchte Keller bei abnehmendem Mond in Löwe trockenlegen und dann eventuell streichen.*

HOLZDECKEN *und* HOLZBÖDEN *verlegen*

Für das Verlegen von Holzböden gelten ähnliche Regeln wie für Holztreppen. Bei abnehmendem Mond verlegt, bleibt der Boden ruhig und fest. Auch ein häufiges feuchtes Aufwischen kann ihm dann nichts anhaben.

IDEAL

Bei ***abnehmendem Mond*** in ***Steinbock***.

GÜNSTIG

Bei ***abnehmendem Mond***, mit Ausnahme der ***Löwe-***, ***Schütze-*** und ***Krebs-Tage***.

Zum richtigen Zeitpunkt hat der Boden eine hohe Festigkeit und Unempfindlichkeit. Holz fault nicht.

UNGÜNSTIG

Generell bei ***zunehmendem Mond***, aber auch bei abnehmendem Mond in ***Löwe***, ***Schütze*** und ***Krebs***.

SCHLECHT

Bei ***zunehmendem Mond*** in ***Löwe***, ***Schütze*** und ***Krebs*** sowie bei ***Vollmond***.

Wenn Sie einen ungünstigen Zeitpunkt erwischen, wird der Boden nach Jahren uneben, es besteht die Gefahr der Spaltbildung, besonders bei Krebs verlegt. Starkes Knarren, besonders bei Wetterwechseln und Temperatur- und Feuchteschwankungen: Holzdecken und Verkleidungen knarren, das Holz arbeitet stärker.

Tipps und Anmerkungen

› *Heutzutage sind natürlich behandelte, geölte oder gewachste Naturholzböden sehr pflegeleicht und auch nach langem Gebrauch noch schön. Das Geheimnis der Pflege von Naturholzböden ist eine Kombination aus Buchenholz-Aschenlauge und dem richtigen Zeitpunkt ihrer Anwendung. Diese Methode ist seit sehr vielen Jahren in Gebrauch und sorgt auch heute noch für die zeitlose Schönheit stark beanspruchter Holzböden, wie man sie noch manchmal in alten Gasthöfen und Bauernhäusern findet.*

› *Wenn der Boden durch normalen Alltagsgebrauch nur leicht verschmutzt ist, sollte das Reinigen bei abnehmendem Mond und an einem Lufttag erfolgen (Zwillinge, Waage, Wassermann). Bei starker Verschmutzung wählen Sie ebenfalls einen Tag im abnehmenden Mond, aber einen Wassertag (Krebs, Skorpion, Fische).*

MALERARBEITEN *und* TAPEZIEREN

Anfang der 1970er-Jahre kam das Abbeizen alter Massivholzmöbel in Mode. Viele dieser Stücke waren von zeitloser Schönheit, doch hatten sie zuvor jahrzehntelang unter einer anderen Modeerscheinung gelitten: dem Hochglanz moderner Kunstharzlacke, die das lebendige Holzleben unter dicken, luftdichten Schichten begruben. Nicht selten verzweifelten damals sowohl Fachleute als auch Hobbyhandwerker an einzelnen Möbelstücken. Der Lack wollte sich einfach nicht lösen – weder mit Beize noch mit einem Spachtel. Andere Möbel dagegen gaben ihre Beschichtung fast widerstandslos auf, als würde sie schon beim bloßen Hinschauen abblättern.

Ein vertrautes Phänomen: Das Gute bleibt oft unbemerkt, die Farbe, die Jahrzehnte hält, zieht keine Aufmerksamkeit auf sich. Erst wenn etwas schiefläuft –, wenn der Lack sich nicht lösen lässt, wenn die Arbeit mühsam wird –, fragen wir nach dem Warum. Die Antwort liegt meist nicht allein in der Qualität des verwendeten Lacks, sondern vor allem im Zeitpunkt des Lackierens.

Ein weiteres Beispiel: Wer in der Stadt lebt, kennt sicher Häuser, deren Fassaden erst vor wenigen Jahren frisch gestrichen wurden – und doch blättert die Farbe schon wieder ab. Die gängige Reaktion der Industrie: immer aggressivere, chemisch aufgerüstete Produkte, statt sich den wahren Ursachen zuzuwenden. Sie können es ganz einfach selbst ausprobieren: Nehmen Sie zwei gleiche Stücke Holz, zwei identische Pinsel und den gleichen Lack. Streichen Sie die erste Fläche kurz vor Vollmond, die zweite kurz vor Neumond. Sie werden den Unterschied sehen – und spüren. Und vermutlich nie wieder zum falschen Zeitpunkt streichen wollen.

Gerade bei Restaurierungen zahlt sich das Beachten der natürlichen Rhythmen doppelt aus. Wer bei der Erneuerung jahrhundertealter Gemälde oder historischer Bausubstanz nicht die Geduld aufbringt, im 14-Tage-Rhythmus zu arbeiten, dem fehlt womöglich das Maß an Liebe und Achtsamkeit, das solche Arbeiten verdient haben.

Achten Sie – Ihrer Gesundheit und der Umwelt zuliebe – auf natürliche, biologische Farben und Lacke. Und orientieren Sie sich beim Verarbeiten an den Mondzyklen. Viele unserer Leserinnen und Leser konnten bereits erfahren, wie sehr sich das auszahlt – in Qualität, Haltbarkeit und Schönheit.

GÜNSTIG

Bei ***abnehmendem Mond***, mit ***Ausnahme*** von ***Krebs, Fische*** und ***Löwe***.

Zum richtigen Zeitpunkt fügt sich alles nahtlos zusammen und bleibt fugenlos. Die Tapeten schlagen keine Wellen. Zum richtigen Zeitpunkt verarbeitet, hält die Farbe länger, sie splittert nicht ab und ist witterungsbeständiger. Eventuelle giftige Ausdünstungen sind dann nicht so stark. Die Oberflächen werden glatter, der Materialverbrauch ist geringer. Es kommt kaum zu Übergangsstreifen.

UNGÜNSTIG

Generell bei ***zunehmendem Mond***, aber auch bei ***abnehmendem Mond*** in ***Krebs*** und ***Löwe***.

SCHLECHT

Bei ***zunehmendem Mond*** in **Krebs** und ***Löwe.***

Wenn Sie einen ungünstigen Zeitpunkt erwischen: Generell Gefahr des Absplitterns, geringere Haltbarkeit. Es entstehen Übergangsstreifen, und der Pinsel rupft. Besonders bei Löwe kommt es zum Absplittern von Farben und zur Kreislaufbelastung durch Dämpfe. An Krebs-Tagen ist die Lungenbelastung durch giftige Dämpfe (bei Holz Fäulnisgefahr) höher. Stoßkanten bilden Lücken, oder es gibt sichtbare Übergänge.

Tipps und Anmerkungen

› *Grundsätzlich im Freien oder in gut gelüfteten Räumen streichen, aber niemals im Freien in der prallen Sonne. Diese Regel gilt auch für Naturfarben! Starker Wind sollte gemieden werden, besonders aber an Löwe. Leicht trübes Wetter beziehungsweise eine Außenüberdachung wären ideal.*

› *Viele gesundheits- und umweltschädliche Farben, Dispersionen, Lacke und Kleber konnten sich nur deshalb gegenüber sanfteren Kalkfarben und* natürlich hergestellten Produkten durchsetzen, weil sie die subtilen Einflüsse der Naturrhythmen im wahrsten Sinne des Wortes überrollen und die Beachtung des richtigen Zeitpunkts scheinbar überflüssig machten. Die Anwendung von Naturprodukten würde auf diesem Gebiet sicherlich leichter fallen, wenn man die Regeln des richtigen Zeitpunkts beachtet. In müheloser Verarbeitung, Wirkung und Langlebigkeit übertreffen sie teilweise schnell wirksame »Giftbrühen« und sind um vieles gesünder, sowohl für den Verarbeiter als auch für uns alle. Zum richtigen Zeitpunkt verarbeitet, trocknen Farben und Untergrund gut ab, bilden schöne Flächen und sind haltbarer. Die Produkte verbinden sich gut, der Pinsel gleitet fast von selbst.

› Kalkfarben beispielsweise lassen den Untergrund atmen und bremsen trotzdem die Feuchtigkeit. Wer generell wieder auf Kalkfarben umsteigt, erweist sich selbst (und seinen Tieren) einen großen Dienst, weil es zu einer viel geringeren Bakterienbildung kommt. Früher wusste man genau um diese Wirkung von Kalk: Auch Eier lassen sich in Kalkwasser einlegen und halten sich dann sehr lange frisch. Kalkfarben sind daher der ideale Anstrich in Speisekammern. In

Krankenhäusern wären sie ein gutes Mittel, um die geforderte Hygiene einhalten zu können.

› Wenn Sie viel mit Kalkfarben streichen wollen, wählen Sie unbedingt den abnehmenden Mond und meiden Sie das Zeichen Jungfrau. Früher hatten viele Bauern für diese Zwecke eine Kalkgrube. Ungelöschter Kalk ist allerdings lebensgefährlich! Es kann zu Verätzungen und Erblinden kommen, der Umgang damit gehört in kundige Hände, und Kinder müssen ferngehalten werden!

ABBEIZEN *und* RESTAURIEREN

Das Entfernen alter Farben und Anstriche durch Abbeizen ist eine seit Jahrhunderten geübte Fertigkeit, bei der man früher immer auf den Stand des Mondes achtete, um den Erfolg zu sichern. Zum richtigen Zeitpunkt genügte dafür oftmals schon ein gründliches Abschrubben. Erst seit Kurzem bringt Abbeizen größere Probleme mit sich. Heutige Lackanstriche aus Chemiefarben (Kunstharz, Acryl und Ähnliches) erfordern den Einsatz »harter« chemischer Stoffe, um die Oberflächen zu befreien.

GÜNSTIG

Bei ***abnehmendem Mond*** mit Ausnahme der ***Krebs-Tage***.

Farben lösen sich leichter, und giftige Dämpfe werden von Lunge und Körper nicht so gut aufgenommen. Am einfachsten arbeitet man mit der Heißluftpistole. Sie löst die Lackschichten an, sodass diese sich mühelos entfernen lassen.

UNGÜNSTIG

Bei ***zunehmendem Mond.***

SCHLECHT

Bei ***zunehmendem Mond*** in ***Krebs*** oder ***Löwe***.

Farbreste lassen sich nur schwer entfernen. Das Holz wird beschädigt, und giftige Dämpfe belasten Lunge und Körper.

FEUCHTIGKEIT *und* SCHIMMEL *beseitigen*

Am Bau hält sich hartnäckig ein kleines Märchen – erzählt von selbsternannten Experten, gelegentlich sogar von Baubiologen, oft aus Mangel an besseren Erklärungen: Moderne, luftdicht schließende Fenster seien der Hauptgrund für feuchte Ecken in Wohnräumen – und damit auch für die Bildung von Schimmel. Diese Theorie dient als bequeme Zwischenlösung – weil die eigentlichen Ursachen oft unerkannt bleiben. Denn: Wäre an dieser Behauptung wirklich etwas dran, müssten heute Hunderttausende Wohnungen von Feuchtigkeit betroffen sein. Millionen Menschen hätten mit Schimmelbefall an den Wänden zu kämpfen. Und längst hätte ein gewaltiger Bauskandal den verpflichtenden Einsatz von Fenstern mit integrierter Zwangsbelüftung ausgelöst. Solche Fenster existieren zwar – ihr Markterfolg ist allerdings überschaubar.

Die eigentliche Ursache liegt woanders: Feuchte Wandecken entstehen – sowohl in Neubauten als auch bei Renovierungen – meist dann, wenn zum falschen Zeitpunkt betoniert, aufgemauert oder verputzt wurde: nämlich bei zunehmendem Mond, und besonders ungünstig kurz vor Vollmond in einem der Wasserzeichen (Krebs, Skorpion, Fische). Ein weiterer Grund ist auch, dass Rohbauten nicht mehr die Zeit haben, ein Jahr lang auszutrocknen – heutzutage sorgen die »Sachzwänge« dafür, dass man sich diese Zeit nicht mehr lässt.

IDEAL
Bei ***abnehmendem Mond*** in den Tierkreiszeichen ***Zwillinge, Waage, Wassermann*** und ***Widder, Löwe*** und ***Schütze***, je näher an Neumond, desto besser.

GÜNSTIG
Bei ***abnehmendem Mond,*** mit Ausnahme der Wassertage ***Krebs, Skorpion*** und ***Fische.***

UNGÜNSTIG
Generell bei ***zunehmendem Mond*** und **Vollmond**, aber auch bei ***abnehmendem Mond*** an **Krebs**, **Skorpion** und **Fische**.

SCHLECHT
Bei ***zunehmendem Mond*** an **Krebs, Skorpion** und **Fische.**

Tipps und Anmerkungen

› *Reinigen Sie betroffene Stellen gründlich mit Essigwasser und einer festen Wurzelbürste. Anschließend gut trocknen lassen – eventuell sogar mit einem Föhn nachhelfen. Diese Methode funktioniert auch bei befallenem Holz. Und keine Sorge: Das Holz verzieht sich nicht – sofern Sie den richtigen Zeitpunkt wählen. Warum diese Methode so zuverlässig wirkt, lässt sich mit klassischer Physik nicht erklären. Aber die Erfahrung zeigt: Bei uns – und vielen anderen – hat sie sich immer wieder bewährt.*

› *Räume, die generell zu Feuchtigkeit neigen – etwa Keller, Vorratsräume oder Bäder –, sollten Sie nicht bei zunehmendem* Mond *oder an* Wassertagen (Krebs, Skorpion, Fische) *nass reinigen oder wischen. In solchen* Mondphasen *wirkt selbst der* Wischmopp *wie eine* Einladung *an die* Feuchtigkeit, *sich häuslich einzurichten.* Besser *ist es,* Reinigungsarbeiten *in solchen* Räumen *auf die abnehmende* Mondphase *zu legen – dann sagen* Sie *der* Nässe *ganz natürlich den* Kampf *an.*

› Einige Worte zum Thema Lüften: *In der* Regel *wird bei uns zu wenig gelüftet, besonders im* Winter. Wir *brauchen viel mehr* Sauerstoff *im* Blut, *als es uns die* Gewöhnung *an den* Mangel *vortäuscht.* Gerade *in* Neubauten *ist* Lüften *oft die einzige* Maßnahme, *um die schlechte* Luft *auszutauschen, die durch die* Ausgasungen *der* Baustoffe, Kleber *und* Farben *entsteht.* Regelmäßiges Lüften *tut not!* An Zwillinge, Waage, Wassermann *und* Widder, Löwe *und* Schütze *ausgiebig lüften, an* Stier, Jungfrau, Steinbock *und* Krebs, Skorpion *und* Fische *nur kurz und schnell.* Wer *zu* Hause *wegen seiner* Berufstätigkeit *und aus* Sicherheitsgründen *die* Fenster *ganztägig geschlossen hält, sollte am* Abend *bzw. gleich nach dem* Nachhausekommen *ausgiebig lüften.*

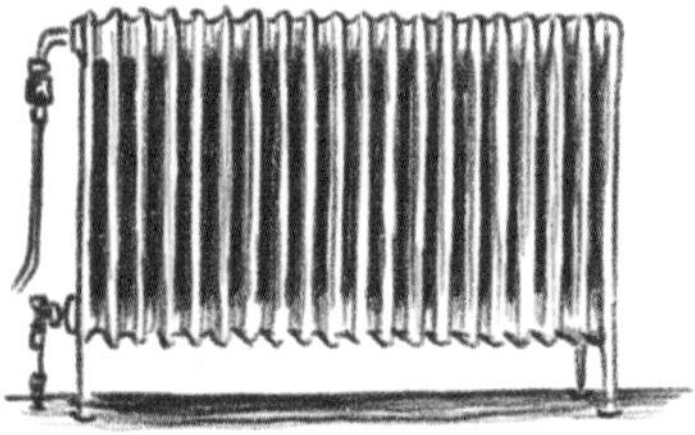

ERSTES EINHEIZEN *im* NEUBAU *und im* HERBST

Wenn der Herbst Einzug hält und die Sonne nicht mehr genügend Wärme spendet, kommt irgendwann der Moment, in dem die eigenen vier Wände beheizt werden müssen. Für eine effiziente und gleichmäßige Erwärmung des gesamten Hauses lohnt es sich, eine alte Weisheit zu befolgen:

> Das erste Heizen im Herbst sollte an einem ***Wärmetag*** (Widder, Löwe, Schütze) bei ***abnehmendem Mond*** erfolgen.

Dieser Rat ist besonders wertvoll für Neubauten. Durch das Heizen zum genannten Zeitpunkt wird die verbleibende Feuchtigkeit aus den Wänden vertrieben, der Kamin zieht viel zuverlässiger, und das Haus gewinnt schneller an Behaglichkeit.

ZÄUNE, PFLASTER- *und* NATURWEGE *anlegen*

Viele Architekten, Bauherren und Heimwerker haben es schon erlebt: Im Außenbereich verlegte Bodenplatten geraten nach kurzer Zeit ins Wanken – besonders dann, wenn sie direkt auf Erde verlegt wurden. Natursteine, einst sorgfältig zu Wegen oder Veranden gesetzt, beginnen sich plötzlich zu »wellen«, und neu angelegte Feldwege werden vom nächsten Regen ausgespült oder zeigen bald erste Schlaglöcher – obwohl mit Fachwissen und Sorgfalt gearbeitet wurde. Und dann wieder das Gegenteil: Manchmal sitzt alles bombenfest, als wäre es einbetoniert – selbst auf bloßem Naturboden. Wege bleiben über Jahre stabil, Ausbesserungen an Feldwegen halten so zuverlässig, dass niemand auch nur auf die Idee käme, den Weg zu asphaltieren. Wer mit offenen Augen durch die Natur geht, entdeckt noch mehr solcher Rätsel: Da stehen rohe Holzpfosten seit vierzig oder mehr Jahren fest im Boden, während wenige Meter weiter moderne, mit Giftstoffen und Dampfdruck behandelte Zäune bereits verrottet daliegen – nach nur wenigen Jahren.

Wanderer kennen sie gut: die alten Holzbrücken und Stege, die Wind, Regen und Sonne trotzen, als würden sie ewig leben wollen. Manche davon brauchen nur gelegentliche Reparaturen. Andere – oft neuere – verfallen trotz modernster Technik in kürzester Zeit und müssen immer wieder komplett ersetzt werden. Oder denken wir an die alten Trockensteinmauern in Südtirol oder Irland: Lose geschichtete Steine, ohne Mörtel, stehen seit Jahrhunderten stabil. Wo sie allerdings einmal auf »moderne« Weise ausgebessert wurden, liegen sie heute verrutscht, über Wege verstreut und ihrer Funktion beraubt.

Was ist das Geheimnis hinter dieser scheinbaren Willkür? Woran liegt es, dass manches dauerhaft hält – und anderes trotz gleicher Materialien und Mühe schnell vergeht? Die Antwort liegt nicht nur im Wie, sondern auch im Wann.

Probieren Sie es selbst aus. Machen Sie Ihre eigenen Erfahrungen mit dem richtigen Zeitpunkt. Halten Sie sich an die natürlichen Rhythmen, und Sie werden die Antworten selbst entdecken – mit eigenen Augen, mit eigenen Händen und mit wachsendem Staunen über die feinen Zusammenhänge zwischen Natur und Baukunst.

IDEAL

Bei ***abnehmendem Mond*** im Tierkreiszeichen ***Steinbock*** (immer von Dezember bis Juli).

GÜNSTIG

Bei ***abnehmendem Mond***, mit Ausnahme der ***Krebs-*** und ***Schütze-Tag***e, je näher an ***Neumond***, desto besser.

Zum richtigen Zeitpunkt werden eingeschlagene Pfosten von selbst immer fester, Nägel bleiben im Holz. Platten wachsen selbst auf Naturboden fest ein. Wege werden nicht ausgespült, der Boden wird immer härter und belastbarer, Ausbesserungen halten viel länger. Nach starken Regenfällen sammeln sich keine Pfützen, die gefürchteten Schotterhaufen auf den Seiten bleiben aus. Es gibt keine Unterspülungen. Die Ablaufrinnen bleiben länger sauber, sie versanden auch nach Gewittern nicht.

UNGÜNSTIG

Generell bei ***zunehmendem Mond***, aber auch bei ***abnehmendem Mond*** in ***Krebs*** und ***Schütze***.

SCHLECHT

Generell bei ***zunehmendem Mond*** in **Krebs** und **Schütze** sowie bei **Vollmond.**

Wenn Sie einen ungünstigen Zeitpunkt erwischen, lockern sich Zaunpfosten von selbst – besonders an Krebs-Tagen gesetzt –, sie verfaulen auch schneller. Platten und Fliesen lockern sich, werden uneben, brechen leichter. Wege und Feldstraßen waschen leichter aus, besonders wenn sie bei Krebs angelegt wurden. Ständig müssen Löcher aufgefüllt werden, die nach einem starken Gewitter wieder ausgespült sind. Die Wegränder sind nicht unter Kontrolle zu bekommen – entweder wachsen sie ein (Gras erobert die Straße) oder der Schotter spült sich ins Feld (Schotter erobert das Feld).

Tipps und Anmerkungen

› Garageneinfahrten im abnehmenden Mond mit Naturplatten zu verlegen, hat besonders im Winter große Vorteile – weder Frost noch Schneefräse können der Einfahrt dann schaden.

› Manchmal spalten schwere Fahrzeuge die Platten. Grund dafür sind meist kleine Hohlräume, die durch das Verlegen zum falschen Zeitpunkt entstanden sind. Das Gewicht des Fahrzeugs und der Bodenfrost lassen dann die Platten brechen. Verlegen Sie zum richtigen Zeitpunkt – und es wird nicht nötig sein, die Platten in Beton zu legen.

› Sind Holzzäune und -pfosten starken Belastungen ausgesetzt – durch Schneelast, weil sich Tiere ständig daran scheuern oder weil Kinder darüber klettern –, lohnt es sich, nicht nur auf den abnehmenden Mond, sondern auch auf das Zeichen Steinbock zu achten. Besonders bei Kinderspielplätzen, Klettergerüsten und Streichelgehegen im Zoo würden so lange Zeit keine Reparaturen mehr anfallen.

HOLZ GEWINNEN
zum richtigen Zeitpunkt

Grundsätzlich gibt es beim Holzfällen – wie bei vielen Dingen – keine pauschal »guten« oder »schlechten« Tage. Entscheidend ist der jeweilige Verwendungszweck: Ob das Holz für Fußböden, Dachstühle, Brücken, Fässer, Musikinstrumente oder kunstvolle Schnitzereien gedacht ist, macht einen wesentlichen Unterschied. Ebenso spielen Holzart, Alter und Wuchsform eine wichtige Rolle.

In Tirol und vielen anderen Regionen wird heute wieder verstärkt auf den richtigen Zeitpunkt der Fällung geachtet. Die Nachfrage nach sogenanntem »Mondholz« ist gestiegen – nicht zuletzt deshalb, weil überliefertes Erfahrungswissen wieder ernst genommen wird. Sogar wissenschaftliche Studien bestätigen inzwischen den Wert traditioneller Holzregeln: Richtig geschlagenes Holz ist langlebiger, stabiler und benötigt deutlich weniger Holzschutzmittel. Gerade in Zeiten zunehmender Sensibilität für nachhaltiges und biologisches Bauen wächst die Zahl der Menschen, die diese Qualität zu schätzen wissen.

Wer sich nun fragt, wo man heute solches Holz überhaupt bekommt, dem sei Folgendes empfohlen: Recherchieren Sie gezielt – online, telefonisch, im Branchentelefonbuch. Rufen Sie Holzhandlungen an, erkundigen Sie sich nach dem Fällungszeitpunkt. Auch die Holzwirtschaftsverbände können weiterhelfen und Adressen liefern.

Doch nicht nur für den Holzeinkauf, auch für Waldbesitzer und Forstwirte ist dieses Wissen interessant – insbesondere angesichts der zunehmenden Zahl kranker Bäume in unseren Wäldern. Hier sei an eine altbewährte Regel erinnert:

> Bäume, die kümmern, kränkeln oder ihr Wachstum eingestellt haben, können häufig gerettet werden – wenn man bei ***abnehmendem Mond,*** idealerweise im vierten Viertel oder zu Neumond,

die Spitze entfernt. Bei Laubbäumen genügt es oft, mehrere Astspitzen aus der Krone zu schneiden. Wichtig ist, jeweils knapp über einem kräftigen Seitenzweig zu schneiden, der sich als neue Spitze eignet und weiter nach oben wächst.

Auf den folgenden Seiten stellen wir Ihnen viele besondere Rhythmen und Termine vor – einige davon völlig unabhängig vom Mondstand. Ihre Wirksamkeit zeigt sich nicht in der Theorie, sondern im praktischen Ergebnis. Probieren Sie es aus – mit Offenheit und Neugier.

Ein letzter, aber entscheidender Hinweis: Damit das Holz seine optimalen Eigenschaften entfalten kann, sollte es nach dem Fällen mindestens ein Jahr lang natürlich trocknen. Eine etwaige Restfeuchte kann danach in einer Trockenkammer entfernt werden. Erst dann ist das Holz reif für seinen Einsatz.

»Schwendtage« – Roden und Auslichten

Jeder Nutzwald bedarf der Pflege. Wer etwa einen Wald oder Waldrand auslichten und säubern möchte, wer abholzen und neu anpflanzen will, der achtet auf die »Schwendtage« (Rodungstage), in erster Linie auf den 3. April, den 30. Juli und den Achazitag (22. Juni). Noch besser wird das Ergebnis der Arbeit sein, wenn diese Tage auf den abnehmenden Mond oder auf einen »Frauentag« fallen. An diesen Tagen abgeholzte Bäume und Sträucher wachsen nicht mehr nach. »Frauentage« sind Marienfeiertage wie Mariä Himmelfahrt oder Maria Lichtmess (2. Februar). Diese Tage sind jedem Bauernkalender zu entnehmen (etwa der 15. August und der 8. September). Alternativtage zum Roden sind die letzten drei Tage im Februar, wenn sie auf einen abnehmenden Mond fallen. Jetzt geschlagenes Holz wächst nicht mehr nach, sogar die Wurzel verfault.

Werkzeug- und Möbelholz

Solches Holz sollte fest bleiben, sich nicht verziehen, sein Volumen behalten – wichtig etwa bei Stoßkanten von Boden- und Tischbrettern. Während der ersten acht Tage nach dem Dezember-Neumond in Wassermann oder Fische geschlagen, erhält man diese Holzqualität. Holz, aus dem Werkzeuge und Arbeitsgeräte (Besenstiele, Äxte) gefertigt werden, muss hart, griffig und leicht sein. Wenn der Neumond auf den Skorpion fällt, also meist im November-Neumond, hat das geschlagene Holz die gewünschten Eigenschaften. Allerdings sollte es sofort entrindet werden: Für den Borkenkäfer ist bei Skorpion geschlagenes oder von einem Sturm entwurzeltes Holz das Signal zum Angriff. Er vermehrt sich dann prächtig und befällt auch gesunde Bäume.

Nichtfaulendes, hartes Holz

Nichtfaulendes Holz muss während der letzten beiden Tage im März bei abnehmendem Mond im Fisch geschlagen werden. Diese Tage kommen nicht jedes Jahr vor. Früher achtete man deshalb besonders auf sie oder schlug das Holz an Alternativtagen. Diese sind: Neujahrstag, 7. Januar, 25. Januar, 31. Januar und 1. und 2. Februar. An diesen sechs Tagen geschlagenes Holz fault und wurmt nicht. An Neujahr und vom 31. Januar bis 2. Februar geschlagenes Holz wird zudem mit dem Alter steinhart. Aus solchem Holz dürften die Fundamente der »schwimmenden« Prachtbauten Venedigs bestehen. Wären sie nicht am richtigen Tag geschlagen worden, wäre die grandiose Stadt wohl schon endgültig im Wasser versunken. Die Restaurierung der Fundamente mit solchem Holz wäre die ideale Lösung, denn seine Haltbarkeit lässt sich am Alter des jetzigen Holzes ablesen. Auch für Landungsstege und hohe Pfahlbauten ist dieses Holz geeignet. Alternativtage sind warme Sommertage bei zunehmendem Mond: Dieses Holz eignet sich für Pfahlgründungen im Wasser, für Schiffs- und Badestege. Es steht im Vollsaft und sollte gleich eingebaut werden.

Nicht entflammbares Holz

Am 1. März, besonders nach Sonnenuntergang, geschlagenes Holz widersteht dem Feuer – unabhängig vom Mondstand und vom Zeichen, das der Mond gerade durchwandert. Eine seltsame, jedoch gültige Regel (wer sie ausprobiert, wird sie bestätigt finden). Viele Geräte, Hofgebäude, Stadel, Blockhäuser und Almhütten wurden früher aus diesem Holz gebaut, um sie feuersicher zu machen. Als Alternativtag zum Schlagen von feuersicherem Holz kommt der Neumond in Frage, jedoch nur, wenn er gerade auf das Tierkreiszeichen Waage fällt (nur ein- oder zweimal im Jahr): Dieses Holz schwindet nicht und kann grün, ohne Trocknen, verarbeitet werden. Fast gleich gut geeignet sind der letzte Tag vor dem Dezember-Neumond und die letzten 48 Stunden vor dem März-Neumond. Diese Regeln sollten Sie nun nicht dazu inspirieren, am Abend des 1. März einen Ast abzureißen und anzuzünden, vielleicht um eine Wette zu gewinnen. Der Ast wird sicher brennen, denn diese Regel gilt nur für natürlich getrocknetes und aufgerichtetes Bauholz, ebenso wie alle anderen alten Holzregeln.

Schwundfreies Holz

Für viele Anwendungsbereiche ist es wichtig, dass Holz nicht »schwindet« – das heißt, dass sich sein Volumen nicht verringert. Solches Holz wird am besten am St. Thomastag (21. Dezember) zwischen 11 und 12 Uhr geschlagen. Dieser Tag ist der beste Holzschlagtag überhaupt. Danach sollte Holz – mit einigen Ausnahmen – während des Winters nur noch im abnehmenden Mond geschlagen werden. Alternativen für das Schlagen von nicht schwindendem Holz sind die Februarabende nach Sonnenuntergang im abnehmenden Mond, der 27. September, monatlich die drei Tage nach Neumond und Frauentage (u. a. 15. August und 8. September), wenn diese auf Krebs fallen. Auch bei Neumond im

Zeichen Waage geschlagenes Holz schwindet nicht und kann sofort verarbeitet werden. Im Februar nach Sonnenuntergang geschlagenes Holz wird obendrein mit dem Altern steinhart.

Brennholz

Gute Brennbarkeit ist natürlich ebenso eine oft erwünschte Eigenschaft von Holz. Obendrein will man zur Brennholzgewinnung nicht immer gleich den ganzen Wald roden, deshalb wäre es günstig, wenn er gut nachwächst. Die Regel besagt, dass solches Brennholz am besten im Oktober im ersten Viertel des zunehmenden Mondes geschlagen wird, also während der ersten sieben Tage nach dem Oktober-Neumond. Generell sollte Brennholz jedoch nach der Wintersonnenwende bei abnehmendem Mond gefällt werden. Der Wipfel sollte nicht gleich abgenommen werden und im Gebirge einige Zeit talwärts liegen, damit er den letzten Saft herauszieht.

Bretter-, Säge- und Bauholz
Für Bretter- und Sägeholz eignet sich die Zeit des zunehmenden Mondes im Fisch, weil die Bretter und Hölzer dann nicht von Schädlingen befallen werden. Das Tierkreiszeichen Fische taucht nur von September bis März im zunehmenden Mond auf.

Brücken- und Bootsholz
Holz für Brücken, Schiffskähne und Flöße sollte bei abnehmendem Mond in einem Wasserzeichen (Fisch oder Krebs) geschlagen werden. Es fault und verrottet nicht und ist trittsicher. Auf diese Regel wurde früher auch bei der Wahl des Holzes für Waschtische geachtet, die ja ständige Feuchte aushalten müssen und nicht »schlüpfrig« sein sollen.

Holz für Werkzeuggriffe
Besenstiele und anderes Werkzeugholz soll geschmeidig und fest in der Hand liegen, nicht leicht brechen, biegsam und vor allem leicht (»gering«) sein. Die beste Zeit für solches Holz sind die Skorpion-Tage im August, die fast stets kurz vor dem Vollmond liegen. Soll es die gleichen Eigenschaften haben, aber schwer bleiben (etwa für stark beanspruchte Holzböden), wählt man den ersten Tag

nach Vollmond, wenn er auf das Tierkreiszeichen Stier fällt (kommt nicht jedes Jahr vor).

Reißfestes Holz

Holz, das nicht rissig werden und von Anfang an nicht mehr arbeiten soll – etwa für Möbel und Schnitzwerk –, wird am besten in den Tagen vor dem November-Neumond geschlagen. Gleichwertige Alternativen sind der 25. März, der 29. Juni und der 31. Dezember. Holz, das an diesen drei Tagen geschlagen wurde, springt und reißt nicht auf, doch muss der Wipfel gegen das Tal fallen beziehungsweise auf ebenem Gelände noch etwas länger am Baum bleiben, um den letzten Saft herauszuziehen.

Holz, das schnell verbaut werden soll, etwa nach einem Brand zum schnellen Wiederaufbau, darf keinesfalls später reißen. Die beste Zeit dafür ist der 24. Juni zwischen 11 und 12 Uhr mittags (12 und 13 Uhr Sommerzeit!). Früher war das eine besondere Zeit: In Scharen rückten die Holzfäller aus und sägten eine Stunde lang, was das Klingenblatt hergab. Das Holz wurde alsbald in Dachstühle und dergleichen verbaut. Bestes Brückenholz wird daraus, wenn gleichzeitig noch Neumond im Krebs herrscht. Diese Regel ist heute so gültig wie eh und je.

Christbäume
Tannen, die drei Tage vor dem elften Vollmond des Jahres geschlagen werden – meist im November, seltener im Dezember – behalten ihre Nadeln besonders lange. Früher trugen solche Bäume einen »Mondstempel« des Försters und galten als besonders hochwertig. Sie waren etwas teurer, doch ihre Haltbarkeit rechtfertigte den Preis. Auch Fichten nadeln bei diesem Termin deutlich weniger – vorausgesetzt, sie werden kühl gelagert. Dennoch halten Tannen generell länger durch als Fichten. Natürlich lässt sich nicht jedes Jahr exakt der ideale Zeitpunkt einhalten – vielleicht entstand die Regel auch deshalb, weil kurz vor dem zwölften Vollmond oft schon zu viel Schnee lag, um fällen zu können. Doch selbst wenn der exakte Vollmond-Termin nicht getroffen wird: Wer beim Schneiden von Christbäumen, Gestecken oder Trockengebinden auf den zunehmenden Mond achtet, wird mit längerer Haltbarkeit belohnt. Auch Blumen, die sich zum Trocknen eignen, bleiben schöner, wenn sie bei zunehmendem Mond gepflückt werden.

Der EINFLUSS des MONDES auf das LEBENSELIXIER WASSER

»Wir vergessen oft,
dass der Kreislauf des Wassers
und der Kreislauf des Lebens eins sind.«
Jacques Cousteau

Quellen fassen, Brunnen bohren – das ist das nächste Kapitel im Reigen der Tätigkeiten rund ums Hausbauen und Renovieren. Vorher möchten wir aber ein paar Worte zum Nachdenken über unser zweites Lebenselixier verlieren – das Wasser. Gesegnet ist, wer seinen Trinkwasserbedarf aus einem eigenen Brunnen oder – noch besser – aus einer natürlichen Quelle decken kann. Unser Wunsch ist, dass diese Menschen sich bewusst machen, welch großes Geschenk ihnen die Natur damit macht: sauberes, lebendiges Wasser. Doch wie gehen wir mit diesem Geschenk um?

Ein Blick in unseren Alltag zeigt, wie achtlos das manchmal geschieht: Regenwasserkanäle verhindern, dass Wasser dort fällt, wo es gebraucht wird. Wir gießen Gärten, waschen Autos und spülen Toiletten mit wertvollem Trinkwasser. Dabei müssten wir nur die Augen öffnen: Die Natur zeigt uns längst, wie es geht. Beobachten wir einen natürlichen Garten: Er wird nicht künstlich bewässert, ernährt sich aus tiefen Wurzeln, vom Tau der Nacht und übersteht wochenlange Trockenphasen. Wenige Schritte daneben verkümmern Pflanzen in gepflegten Gärten, obwohl sie täglich gegossen werden. Sie sind anfällig für Schädlinge, brauchen Pestizide – und verursachen damit neue Probleme: vergiftetes Grundwasser, sterbende Insekten, belastete Luft. Die Lösung liegt so nah – wir müssen nur wieder lernen, hinzuschauen.

Die Natur führt keinen Krieg gegen uns. Sie gibt uns alles, was wir brauchen – wenn wir bereit sind, in Freundschaft mit ihr zu leben. Doch diese Freundschaft lässt sich nicht verordnen. Sie ist eine persönliche Entscheidung. Menschen, Tiere, Pflanzen, Wasser, Erde, Sonne und Mond – wir alle sind Teil eines großen Ganzen. Unser Lebenssinn? Einander aufzuwecken. Füreinander da zu sein.

Weit verbreitet ist der Glaube, dass Mineralwasser aus großer Tiefe »wertvoller« sei als lebendiges Quellwasser. Vielleicht deshalb, weil Geräte nicht messen können, was jeder Wanderer spürt: dass frisches, oberirdisches Quellwasser lebt – und nährt. »Über sieben Steine muss Wasser fließen«, sagt der Volksmund, damit es rein und für den Menschen bekömmlich wird. Doch begradigte Flüsse fließen zu schnell – ihre natürliche Selbstreinigung bleibt aus.

Was wir wirklich brauchen, ist lebendiges Wasser aus Oberflächenquellen – Wasser, das von selbst nach oben drängt. Es hat den natürlichen Reifungsprozess durchlaufen, ist gereinigt, gereift und energetisch lebendig. Grundwasser dagegen ist wie eine »Frühgeburt« – noch nicht vollständig entwickelt, oft energetisch unvollständig. Brunnenwasser sollten wir daher primär als Brauchwasser nutzen – zum Waschen, Gießen, Baden – sparsam und mit Bedacht. Wer es dennoch trinkt, sollte es regelmäßig auf Schadstoffe prüfen lassen. Besonders nach Bauarbeiten in der Umgebung, da diese unterirdische Wasserläufe massiv beeinflussen können. Auch Quellwasser ist nicht automatisch sicher: Intensive Landwirtschaft in der Nähe kann selbst reines Wasser belasten.

Stellen Sie sich einfache, aber entscheidende Fragen: Woher kommt das Wasser, das aus meinem Hahn fließt? Ist es wirklich sauber – oder nur »sauber gemacht«? Was mische ich ins Wasser, das in den Ausguss fließt? Wohin rauscht das Regenwasser aus meinen Fallrohren? Was genau bedeutet »99 Prozent biologisch abbaubar« – und was ist mit dem restlichen Prozent? Denken Sie darüber nach. Bleiben Sie wach. Übernehmen Sie Verantwortung.

Mondkalender helfen Ihnen, den besten Zeitpunkt zu erkennen, sich auf die Suche nach dem wahren Lebenselixier zu machen.

Wenn Sie genügend Wasser haben – und es sogar mit Genuss trinken können –, schätzen Sie sich doppelt glücklich. Sie haben unser Lebenselixier Nummer 2 zur Verfügung. Und das Lebenselixier Nummer 1? Luft und Liebe – was denn sonst?

QUELLEN *fassen,* BRUNNEN *bohren*

Sie wollen oder müssen eine Quelle fassen oder einen Brunnen bohren? Der richtige Zeitpunkt und die Mondrhythmen können Ihnen in besonderem Maße helfen, diese Arbeit erfolgreich auszuführen. Wir wollten Ihnen jedoch auch ein wenig begreiflich machen, dass es von großer Bedeutung für unser aller Zukunft ist, mit welcher Einstellung Sie an diese Arbeit herangehen. Wir würden uns freuen, wenn Sie gemeinsam mit uns und vielen anderen Menschen guten Willens diese Arbeit nun mit etwas anderen Augen sehen.

IDEAL
Bei ***zunehmendem Mond*** im Tierkreiszeichen ***Fische***.

GÜNSTIG
Bei ***zunehmendem Mond*** in den Tierkreiszeichen ***Krebs*** und ***Skorpion***.

Zum richtigen Zeitpunkt ist Wasser, wenn vorhanden, viel leichter aufzuspüren. Quellen lassen sich gut fassen und sprudeln in nur gering schwankender Menge.

UNGÜNSTIG
Bei ***zunehmendem Mond***, wenn der Mond gerade nicht in einem ***Wasserzeichen*** (Krebs, Skorpion und Fische) steht.

SCHLECHT
Generell bei ***abnehmendem Mond***.

Die Nachteile der Ausführung zum falschen Zeitpunkt: Obwohl möglicherweise vorhanden, ist das Wasser schwer zu finden. Vielleicht muss man sehr viel tiefer als eigentlich nötig bohren. Selbst wenn man Wasser findet, besteht die Gefahr, dass das Wasser unregelmäßig fließt, oder der Brunnen versandet oder versiegt ganz. Gefasste Quellen unterliegen starken Schwankungen, das Wasser fließt nicht verlässlich.

Tipp

› *Bevor Sie auf der Suche nach Grundwasser eine Bohrung vornehmen lassen, sollten Sie den guten Platz dafür unbedingt von einem Rutengeher ausforschen lassen (siehe auch Seite 26). Viele Brunnenbaufirmen arbeiten inzwischen mit ihnen zusammen, weil sie die Erfahrung gemacht haben, dass sich der Erfolg viel schneller einstellt.*

PLANEN *statt* ÄRGERN – *praktische* TIPPS *für* HAUS *und* ALLTAG

»Dein Heim soll nichts enthalten,
von dem du nicht weißt, dass es nützlich ist
oder das in deinen Augen Schönheit ausstrahlt.«
William Morris

In fast jedem Haushalt gibt es regelmäßig wiederkehrende Tätigkeiten – und ebenso regelmäßig werden sie bei der Planung von Haus oder Wohnung übersehen. Je wichtiger die Handlung, desto gravierender sind oft die Planungsfehler: Von der sinnvoll eingerichteten Küche über einen Platz für nasse Schuhe bis zur Frage »Wohin mit der Schmutzwäsche?« – diese scheinbaren Kleinigkeiten werden häufig stiefmütterlich behandelt. Überlegen Sie selbst: Wie läuft ein normaler Tag ab? Frühstück, Duschen, Schuhe wechseln, Hausaufgaben, Staubsaugen, Wäsche sortieren. Doch in welchem Möbelprospekt oder Werbefilm wird auf diese Abläufe ernsthaft eingegangen? Technik allein löst das nicht – durchdachte Planung schon.

Beispiel gefällig? Der Staubsauger. Fast jeder Haushalt besitzt einen – aber nur wenige haben einen wirklich praktischen Platz dafür. Stattdessen fliegt er irgendwo im Schrank herum, versperrt den Weg oder erfordert einen halben Hausmarsch, um ihn zu holen. Ähnlich bei der Schmutzwäsche: Sie fällt täglich an, aber in Möbelhäusern findet man dazu oft nur ein paar Drahtkörbe in der Badabteilung. Es ist also keine Übertreibung, wenn wir sagen: Man kann zur Not ohne Wohnzimmer leben – aber nicht ohne frische Wäsche. Deshalb unser ernst gemeinter Rat: Planen Sie gründlich, bevor Sie bauen! Überlassen Sie nicht alles dem Architekten – machen Sie sich vorher selbst Gedanken. Was brauchen Sie wirklich? Was stört Sie in Ihrem jetzigen Alltag?

Setzen Sie Ihre Prioritäten. Was ist Ihnen wirklich wichtig? Energieeffizienz? Natürliche Materialien? Eine Brauchwasserzisterne? Lassen Sie sich Zeit, informieren Sie sich – und behalten Sie dabei immer das Budget im Blick. Sie bauen dieses Haus (vermutlich) nur einmal im Leben.

Und noch ein letzter Tipp: Wählen Sie Ihre Mitstreiter – ob Architekt, Handwerker oder Verkäufer – mit Bedacht. Wenn Sie das Gefühl haben, nicht gehört zu werden: weitersuchen. Es lohnt sich.

KELLER *und* LAGERUNG

Früher war der Keller fast ausschließlich Lagerraum – für Wein, Kartoffeln oder Eingemachtes. Heute ist er oft Partykeller, Hobbyraum oder Home-Office. Das ist völlig in Ordnung – solange die Nutzung gezielt geplant ist. Problematisch wird es, wenn warme Räume wie ein Tischtenniskeller gleichzeitig als Lagerfläche dienen sollen. Denn: Gute Lagerbedingungen haben sich nicht geändert – kühl, dunkel und mit möglichst gleichmäßiger Temperatur.

Tipps und Anmerkungen

› Lebensmittel und Vorräte fühlen sich bei kühlen, dunklen Bedingungen am wohlsten.

› Beton neutralisieren: Eine Holz- oder Korkverschalung (mindestens fünf Zentimeter) kann unangenehme Betonwirkungen ausgleichen.

› Richtig lüften: Kurz vor Neumond zu lüften (am besten mit Durchzug), hilft gegen Feuchtigkeit und muffige Gerüche.

› Kein Sperrmüllplatz: Der Keller sollte sinnvoll genutzt werden – nicht als chaotische Abstellfläche für alles, was »irgendwann mal weg kann«.

› Wenn Sie Vorräte anlegen wollen: Wer es ganz genau nimmt, macht das bei abnehmendem Mond in Widder, Löwe oder Schütze.

WIRTSCHAFTSRAUM

Ob mit oder ohne separaten Wirtschaftsraum: Die Frage »Wohin mit nasser oder feuchter Schmutzwäsche?« sollte frühzeitig geklärt werden. Erstaunlich oft wird das Thema bei der Hausplanung vernachlässigt – dabei ist es im Alltag allgegenwärtig. Praktische Lösungen wie Wäscherutschen aus dem Obergeschoss in den Keller, ausreichend Haken und Leinen zum Abtropfen oder ein großzügiges Waschbecken mit Doppelwanne und Abtropfgitter sind selten zu finden – obwohl sie den Alltag enorm erleichtern würden. Wer gerade plant, sollte daran denken: Häuser werden nicht von Menschen bewohnt, deren Wäsche immer sauber bleibt.

Tipp

› Lassen Sie nach Möglichkeit niemals feuchte Schmutzwäsche – Handtücher, Waschlappen, Kinderwäsche – nach Regentagen liegen. Häufig kommen Stockflecken und modriger Geruch an Krebs-, Skorpion- und Fische-Tagen vor, besonders kurz vor Vollmond.

SPEISEKAMMER

Die Prüfung, ob die Speisekammer Störzonen aufweist, ist manchmal notwendig. Wer keine Möglichkeit hat, gute und schlechte Plätze ausforschen zu lassen, sollte jenen Platz meiden, an dem Lebensmittel immer wieder schnell verderben, auch wenn sie bei abnehmendem Mond gekauft oder geerntet wurden.

Tipps und Anmerkungen

› Bietet Ihre Speisekammer die Möglichkeit zum Aufhängen von Kräutern, Zwiebeln und Knoblauch oder zum Kräutertrocknen auf Gittern?

› Achten Sie auf gute Entlüftung, möglichst ohne Fenster.

› Lagern Sie keine stark riechenden Lebensmittel und legen Sie größere Vorräte nur bei abnehmendem Mond an.

› Keine Reinigungsarbeiten in der Speisekammer kurz vor oder bei Vollmond, auch nicht an Krebs, Skorpion und Fische.

› Sollte sich dennoch Feuchtigkeit oder Schimmel bilden, unbedingt bei abnehmendem Mond an Zwillinge, Waage und Wassermann oder Widder,

Löwe und Schütze intensiv reinigen und gut mit Durchzug lüften (siehe Seite 76).

› Wenn Sie eine Wärmepumpe zur Heizung Ihres Brauchwassers planen, leiten Sie die anfallende Kaltluft durch ein gut isoliertes Rohr in die Speisekammer. Vorsicht nur: Die Abluft einer groß dimensionierten Wärmepumpe kann im Winter sogar unter den Gefrierpunkt sinken.

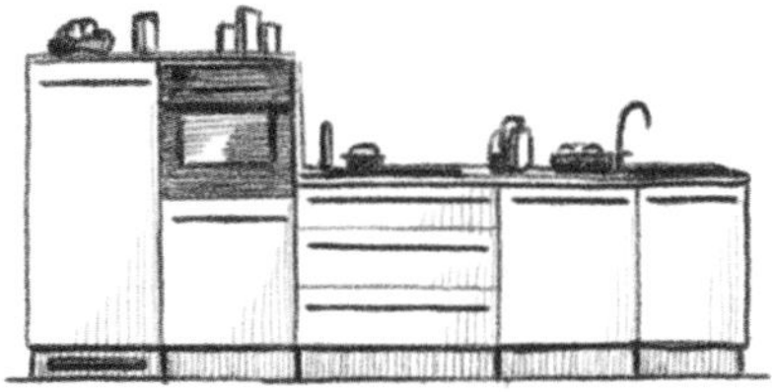

KÜCHE – HERZSTÜCK *des Alltags*

Ob jemand mit Liebe, Ruhe und Kreativität oder mit Hektik und Widerwillen in der Küche arbeitet – das beeinflusst oft nicht nur den eigenen Alltag, sondern den der ganzen Familie. Eine gut geplante Küche kann sehr viel Freude machen, eine schlecht durchdachte frustriert Tag für Tag. Wer wirklich gute

Küchen bauen will, sollte Menschen einbeziehen, die seit Jahren mit Freude kochen. Daher gilt hier besonders: die Küche muss ein Ort sein, der inspiriert, nicht ausbremst.

Tipps und Anmerkungen

› Denken Sie bei der Küchenplanung eventuell auch an die Bedürfnisse von Linkshändern. Für Rechtshänder gilt: Abfälle brauchen Platz nach vorne, Geputztes liegt am besten links. Ein Hochschrank direkt links vom Arbeitsplatz stört dabei. Für Linkshänder gilt das umgekehrt.

› Die Strecke zwischen Spüle und Herd sollte kurz sein – idealerweise ein bis zwei Unterschrankbreiten. Sonst wird der Boden zur Tropfen-Autobahn.

› Geschirr sollte in der Nähe des Geschirrspülers gelagert werden, Gewürze in Reichweite des Herdes – das spart Wege und Nerven.

› Ideale Ausrichtung der Küche: nach Osten. So beginnt der Tag mit Licht.

› Beim Herd auf ausreichend Ablagefläche rechts und links achten – für Zutaten, Löffel, Deckel und Co. Ohne diese kleinen Zonen wird das Kochen schnell zum Balanceakt.

DIELE

Die Diele ist jener Raum im Haus, der Sie und Ihren Besuch begrüßt. Wie soll das Willkommen ausfallen? Hell, fröhlich, großzügig und praktisch? Oder eng, dunkel und mit dem Dilemma und »Wohin jetzt mit den nassen Schuhen und dem tropfenden Regenschirm«?

Tipps und Anmerkungen

› Feuchte Kleidung braucht unbedingt Luft. In Schränken hat sie absolut nichts zu suchen!

› Die Diele braucht Raum für das Abstellen von Einkaufstüten, Schuhen, Schultaschen. Außerdem braucht sie einen sicheren Platz für kleine Kinder, damit sie nicht von nachdrängenden größeren Kindern in den Keller geschubst werden.

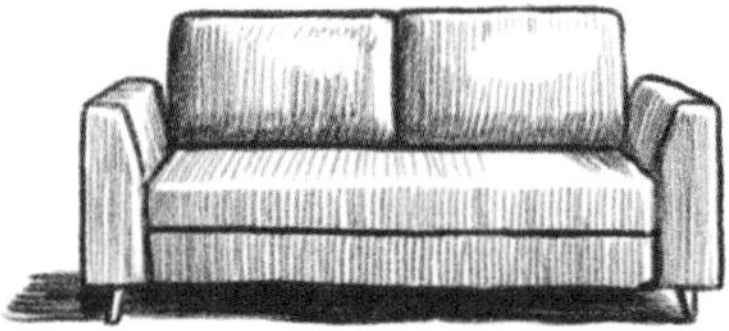

WOHNZIMMER

Beim Hausbau sollten Sie sich folgende Frage stellen: Brauchen Sie ein Wohnzimmer? Eine große Wohnküche ist oft der Mittelpunkt des Hauses und ein extra Wohnzimmer ist eher von zweitrangiger Bedeutung. Verbaute Quadratmeter sind aber einfach zu teuer, als dass man sie »repräsentativen Zwecken« opfern sollte. Vielleicht finden Sie eine Lösung für dieses »Problem«, z. B. für Leseecken, Platz für die Mondgymnastik oder Yoga, fürs Beisammensein nach dem Arbeitstag, für gute Musik etc. Die beste Himmelsrichtung für das Wohnzimmer: Westen.

HEIZUNGSSYSTEM *und* ELEKTROINSTALLATIONEN

Wie hoch sind Ihre Heizkosten pro Jahr? Wer die Raumtemperatur zu Hause von 22 auf 20 Grad absenkt und sich einen Pullover mehr pro Jahr kauft, der spart mindestens 12 Prozent Heizkosten! Wenn Sie diese 12 Prozent investieren, sieht die Rechnung mit der Solarenergie gleich anders aus.

Tipps und Anmerkungen

› Bei einer Bodenheizung und anderen in Rohren verlegten Heizsystemen gilt: Sorgen Sie gemeinsam mit dem Installateur dafür, dass die Heizschlangen und -rohre im Raum rechtsdrehend im Uhrzeigersinn verlegt werden. Die Energie des strömenden Heizwassers strahlt dann natürlicher im Raum.

› Im Idealfall sollten alle Installationsarbeiten am Haus an Wassertagen erfolgen (Krebs, Skorpion, Fische). Die Wirkung, die die Beachtung des richtigen Zeitpunkts hier hat, beruht ausschließlich auf

Erfahrung und ist nicht zu begründen, aber: Das Trinkwasser bleibt frischer, und die Korrosion in allen Leitungen, auch in Geräten (Rost, Ablagerungen etc.), verläuft viel langsamer.

› Strahlungswärme: Wenn Sie die Wahl haben, entscheiden Sie sich für Strahlungswärme statt Konvektionswärme. Der Unterschied ist einfach: Strahlungswärme erwärmt den Körper direkt – wie die Sonne in den Bergen bei klarem Himmel. Sie wirkt angenehm, gleichmäßig und gesund, ähnlich wie bei einem Kachelofen. Glatte, erwärmte Flächen geben diese Wärme ab und benötigen dafür deutlich weniger Energie als klassische Rippenheizkörper, die nur die Luft erhitzen und ständig in Bewegung halten. Einziger Nachteil: Strahlungswärme wirkt nur in direkter Linie – sie »geht nicht um die Ecke«. Deshalb ist eine durchdachte Planung hier entscheidend.

› Elektrosmog entsteht durch elektrische Felder rund um stromführende Kabel und Geräte. Je näher sie am Körper liegen und je höher die Spannung, desto größer die mögliche Belastung – individuell verschieden, ähnlich wie bei Sonnenempfindlichkeit. Wer sensibel reagiert oder vorsorglich handeln möchte, sollte vor

allem im Schlafzimmer auf Abschirmung achten. Netzfreischalter unterbrechen den Stromfluss automatisch bei ausgeschalteten Geräten. Speziell abgeschirmte Biostromkabel sind eine gute Investition – vor allem in Ruhe- und Schlafbereichen.

SCHLAFZIMMER

Die Wahl eines guten Schlafplatzes ist von zentraler Bedeutung. Wenn keine Möglichkeit besteht, professionelle Messungen vorzunehmen, hilft hier nur eines: ausprobieren. Testen Sie verschiedene Schlafpositionen, jeweils für mindestens 14 Tage – nur so lässt sich verlässlich beurteilen, ob Sie gut schlafen und erholt aufwachen.

Tipps und Anmerkungen

› *Empfehlenswerte Schlafrichtungen: mit dem Kopf nach Norden und den Füßen nach Süden; oder Kopf nach Westen, Füße nach Osten. Bei Nordausrichtung sollte jedoch keine Stromleitung durch die Nordwand* verlaufen – hier kann ein Netzfreischalter helfen, alternativ kann nachts die Sicherung ausgeschaltet werden. Auch elektrische Wecker oder eingebaute Geräte am Kopfende sind ungünstig – sie wirken langfristig selbst im ausgeschalteten Zustand belastend.

› Wer näher als 50 Meter an einem Fluss oder Bach schläft, sollte quer zur Fließrichtung liegen. In Flussrichtung schläft man sich oft müde und bleibt erschöpft, gegen die Richtung entstehen Kopfschmerzen oder erhöhter Blutdruck. Auch hier gilt: besser quer liegen – für ruhigen, erholsamen Schlaf.

› Die Materialien für eine gesunde Matratze, in der Reihenfolge ihrer Güte: Stroh, Naturlatex, Schafwolle, Rosshaar, Kunstlatex. Auch Schaumstoff ist geeignet, aber aus manchen anderen Gründen für bestimmte Menschen nicht zu empfehlen (u. a. wegen der Gefahr statisch-elektrischer Aufladung). Federkernbetten sind relativ unbedenklich, solange die gesamte Matratzenfläche erdstrahlenfrei ist. Andernfalls streuen die Metallfelder die Strahlung über die gesamte Matratze, selbst wenn nur eine Ecke des Bettes von Kraftlinien gekreuzt wird.

KINDER- *und* JUGENDZIMMER

Auch hier lohnt es sich, gute und schlechte Plätze zu erforschen – sonst helfen weder frühes Zubettgehen noch Hausaufgabenkontrolle.

Tipps und Anmerkungen

› *Bei Kleinkindern empfiehlt es sich, das Bett regelmäßig um 180 Grad zu drehen oder Lichtquellen gelegentlich zu variieren. Kommt das Licht immer von derselben Seite, kann das zu einseitiger Muskel- und Nervenentwicklung führen – langfristig mit Folgen für Wirbelsäule und Bandscheiben.*

› *Hochbetten sind praktisch und beliebt – der Raum unter dem Bett sollte nicht mit Spielzeug vollgestopft werden, besonders nicht mit Kunststoff. Viele Plastikspielzeuge geben über längere Zeit feine Belastungen an den Organismus ab. Klar lässt sich das nicht immer vermeiden, aber auch nicht ignorieren. Nutzen Sie den Platz für Bettwäsche oder Decken.*

› *Steht ein Fernseher im Zimmer, sollte er auf einem Drehteller stehen. Abends: Stecker ziehen und den Bildschirm konsequent vom Bett abwenden.*

› *Für lebhafte Kinder eignen sich beruhigende Farben an den Wänden. Allzu bunte Gestaltung, vor allem in Rottönen, kann Unruhe verstärken und das Einschlafen erschweren. Zu viel Gelb dagegen kann statt zu beruhigen auch müde machen. Am besten die Farbe berücksichtigen, die die Kinder brauchen.*

BADEZIMMER

Das Bad ist nicht nur ein funktionaler Raum – es kann auch Rückzugsort sein. Für Entspannung, für inneres Abschalten. Deshalb verdient es bei der Planung besondere Aufmerksamkeit.

Tipps und Anmerkungen

› Nach drei aufeinanderfolgenden Dusch- oder Badegängen stellt sich schnell die Frage: Wohin mit all den nassen Handtüchern? Planen Sie schon beim Bau ausreichend Trockenmöglichkeiten ein.

› Bei größeren Familien lohnt sich ein Doppelwaschbecken. Auch die Toilette sollte als eigener Raum mit Fenster ausgeführt sein. Das erspart viel Stress am Morgen (auch abends, wenn Teenager flügge werden). Eine Sprossenwandheizung lässt Handtücher schnell trocknen und bietet Platz für mehrere Badetücher.

DACHBODEN

Auch für den Dachboden gibt es einige Aspekte, die Sie bei der Planung beachten sollten.

Tipps und Anmerkungen

› *Für den Dachboden gilt wie für den Keller: Lagern Sie am besten bei abnehmendem Mond, bevorzugt an Lichttagen (Zwillinge, Waage, Wassermann) ein. Dagegen sollten Sie Tage mit den Zeichen Krebs, Skorpion oder Fische eher meiden.*

› *Ein Dachboden mit wenig Licht eignet sich hervorragend zum Trocknen von Kräutern, Zwiebeln oder Knoblauch – aufgehängt an Leinen über die gesamte Länge oder ausgebreitet auf luftdurchlässigem Untergrund. Auch das Abfüllen sollte bei abnehmendem Mond erfolgen – für gute Haltbarkeit.*

› Knoblauch bitte nicht in der Nähe von Kleidung trocknen. Allerdings bleibt bei richtiger Trocknung das Aroma erhalten, ohne dass sich der Geruch dauerhaft verbreitet.

› Und: Der Dachboden ist kein Sperrmülllager. Was über dem Kopf lagert, kann unbewusst belasten.

BÜRO *und* HOME-OFFICE

Auch am Arbeitsplatz ist ein guter Platz entscheidend. Eine ungünstige Zone führt dazu, dass Arbeit zur lästigen Pflicht wird und kaum Freude aufkommt.

Tipps und Anmerkungen

› Überlegen Sie, ob sich eine Schallschutztür lohnt. Sie ist oft nicht viel teurer, bringt aber langfristig eine große Verbesserung für Konzentration und Ruhe.

› Falls selbst Ihre Katze Ihren Arbeitsplatz meidet, sollten Sie den Hinweis ernst nehmen und sich einen anderen Ort für Ihren Schreibtisch suchen.

› Der Schreibtischstuhl sollte nicht so positioniert sein, dass man mit dem Rücken zur Tür sitzt. In Home-Office-Zeiten ist das natürlich noch wichtiger geworden.

GARTENANLAGE

Ein liebevoll angelegter Garten ist weit mehr als ein schönes Extra – er ist ein Ort der Regeneration und kann aktiv zur Gesundheit beitragen. Wer darin eigenes Obst, Gemüse und Kräuter erntet, stärkt nicht nur Körper und Seele, sondern auch die Bindung zur Natur. Viele Gartenfreunde haben mit dem Wissen um natürliche Rhythmen und günstige Zeitpunkte wahre Paradiese geschaffen – auch an vermeintlich ungeeigneten Orten.

Tipps und Anmerkungen

› Beginnen Sie einen neuen Gemüsegarten idealerweise mit ausschließlichem Kartoffelanbau für ein bis zwei Jahre. Das bereitet den Boden optimal auf und macht ihn fruchtbar für viele weitere Kulturen. Selbst später sollte immer wieder mal ein Jahr mit Kartoffeln eingeplant werden – zur Bodenverjüngung.

› Denken Sie auch an die kleinen Genießer: Ein »Nachspeise-Eck« im Garten mit Erdbeeren, Himbeeren, Kirschen, Äpfeln und Co. erlaubt Kindern fast das ganze Jahr über gesundes Naschen. Am besten eignen sich Monatserdbeeren oder Walderdbeeren – sie sind pflegeleicht, geschmackvoll und verbreiten sich rasch.

› Bis die ersten Früchte reifen, können Gänseblümchen, Löwenzahn oder Sauerampfer kleine Naschgelüste gesünder stillen als jede Süßigkeit aus dem Supermarkt.

Sämtliche Angaben in diesem Werk erfolgen trotz sorgfältiger Bearbeitung ohne Gewähr. Autoren und Verlag bzw. Herausgeber übernehmen ***keine Haftung*** für Schäden oder Verluste, einschließlich entgangenen Gewinns und Folgeschäden, welche durch den Gebrauch oder das Vertrauen auf die in diesem Buch enthaltenen Angaben entstehen.

1. Auflage

Medieninhaber, Verleger und Herausgeber:
Red Bull Media House GmbH
Oberst-Lepperdinger-Straße 11–15
5071 Wals bei Salzburg, Österreich
info@at.redbullmediahouse.com

Gedruckt in Tschechien von Finidr
ISBN 978-3-7104-0390-3

FSC
www.fsc.org
MIX
Papier aus verantwortungsvollen Quellen
FSC® C014138